专利申报指南及案例

孙靖圻　顾卫国　马艺耕　著

中国商业出版社

图书在版编目（CIP）数据

专利申报指南及案例 / 孙靖圻，顾卫国，马艺耕著
. -- 北京 : 中国商业出版社，2024.1
ISBN 978-7-5208-2730-0

Ⅰ. ①专… Ⅱ. ①孙… ②顾… ③马… Ⅲ. ①专利申请 - 案例 - 中国 Ⅳ. ①G306.3

中国国家版本馆CIP数据核字（2023）第230021号

责任编辑：管明林

中国商业出版社出版发行
（www.zgsycb.com 100053 北京广安门内报国寺1号）
总编室：010-63180647 编辑室：010-83114579
发行部：010-83120835/8286
新华书店经销
句容市排印厂印刷
*
787毫米×1092毫米 16开 12.75印张 200千字
2024年1月第1版 2024年1月第1次印刷
定价：48.00元
****

作者简介

第一作者孙靖圻，1942年生，高级工程师，历任工艺员、技术科长、副总工程师、总工程师，获得过多项省部级奖励；发表论文40多篇，2018年获中国老科学技术工作者协会奖，是泰州市唯一获奖者；2022年被评为江苏省靖江中等专业学校杰出校友。孙靖圻创造了适合专业技术人员申报专利的方法，供机械和相关专业的技术人员和师生参考。

第二作者顾卫国，1971年12月出生，硕士，高级讲师，“创响江苏”导师团导师，第四届江苏省职业教育领军人才，江苏省教科研先进个人，江苏省优秀青少年科技教育校长。主持或参与省级以上课题研究十余项，编著教材五部。

第三作者马艺耕，1995年出生，2019年在英国谢菲尔德大学获得硕士学位，现为极储能源（上海）有限公司监事。他利用业余时间，对本书进行了系统的整理和编辑。

前 言
PREFACE

本书编写时力求规范、统一，但由于收集的专利申报的时间跨度长达十余年，虽然按统一标准修订，但难免有不一致之处，加上编写人水平有限，不妥之处在所难免，恭请业内专家批评指导，以便再版时修订。

本书可作为机械制造及相关专业师生的教学参考书，也可作为机械制造及相关专业技术人员的参考资料。

本书撰写期间，得到了靖江市老年科技工作者协会、江苏上骐集团、江苏天佑液压科技有限公司、江苏天龙车辆部件有限公司、靖江市长源液压机械有限公司、江苏华东正大空调设备有限公司、靖江市悦达安防设备有限公司、无锡合力叉车制造有限公司、江苏天龙汽车部件有限公司、江苏靖江互感器股份有限公司、江苏众诚环保工程有限公司、靖江市海源有色金属材料有限公司等单位的大力支持，孙元乾、马范宏先生在整理和修改时付出了辛勤劳动，特此致谢！期待本书给你的专利申报工作带来灵感和方便。

江苏省靖江中等专业学校

二〇二三年六月二十日

目 录

CONTENTS

第一部分

专利申报案例

1. 液压技术

1.1 一种油缸分段加载测试装置（201621495533.2）

一种油缸分段加载测试装置权利要求书

一种油缸分段加载测试装置，由被测双作用油缸1、油缸支架2、蜗轮箱3、蜗轮箱支架4、螺杆5、导向键6和控制箱7所组成，其特征在于，被测双作用油缸1安装在试验台架上部，顶杆装置安装在试验台架下部，顶杆装置由螺杆5、蜗轮箱壳体3-1、蜗轮3-2、蜗杆3-3、连接支架3-4、伺服电机3-5和导向键6组装而成，控制箱控制伺服电机转动从而控制顶杆移动。

一种油缸分段加载测试装置说明书

技术领域

本实用新型涉及液压技术领域，特别涉及油缸测试技术领域。

背景技术

目前，油缸进行出厂试验时，大多采用模拟实际工况进行试验，造成试验设备很大；随着产品向多品种、小批量方向发展，模拟实际工况进行试验难度增加。

发明内容

本实用新型需要解决的技术问题是，提供一种结构合理、通用性好、适合多品种、小批量的油缸测试装置。

一种油缸分段加载测试法，是将油缸安装在试验台架上，活塞杆伸出与顶杆接触实现加载，顶杆下端有螺纹，拧在蜗轮的螺孔中，蜗轮与蜗杆啮合，蜗杆由伺服电机驱动，活塞杆往复一次，顶杆移动一段距离，顶杆移动由伺服电机驱动蜗杆带动蜗轮转动，蜗轮中间的螺母，推杆中间的键槽使螺推杆不能转动，只能上下移动。伺服电机转动由控制箱控制。

一种油缸分段加载测试装置，是由被测双作用油缸、油缸支架、蜗轮箱、蜗轮箱支架、螺杆、导向键和控制箱所组成，其特征在于，被测双作用油缸安装在试验台架上部，顶杆装置安装在试验台架下部，顶杆装置由螺杆、蜗轮、蜗轮箱壳体、蜗杆、连接支架、伺服电机和导向键组装而成，控制箱控制伺服电机转动从而控制顶杆移动。

附图说明

图1-1-1是本实用新型结构示意图，图中蜗轮箱3与蜗轮箱支架4用螺栓连为一体。

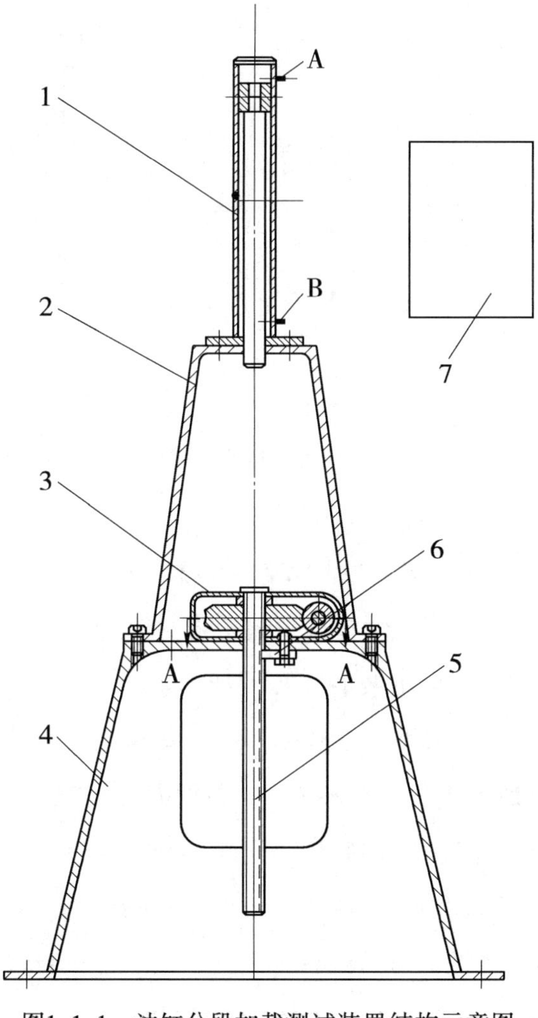

图1-1-1　油缸分段加载测试装置结构示意图

图1-1-2是本实用新型图1-1-1的A-A剖视示意图，图中蜗轮箱壳体3-1、蜗轮3-2、蜗杆3-3，用于连接伺服电机3-5和蜗轮箱壳体3-1的连接支架3-4、螺杆5、导向键槽5-1。

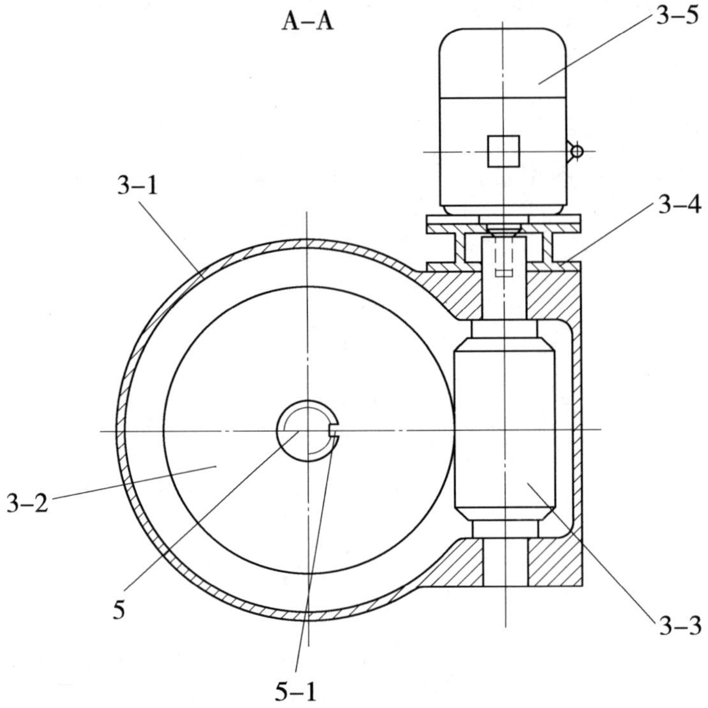

图1–1–2　油缸分段加载测试装置A–A剖视示意图

具体实施方式

本实用新型实施方式如下：被测双作用油缸1上下有油口A和B，用螺栓安装在油缸支架2上，蜗轮箱3用螺栓安装在蜗轮箱支架4上，蜗轮箱3内装有蜗轮3–2和蜗杆3–3，蜗轮箱壳体3–1上装有连接支架3–4，伺服电机3–5装在蜗轮箱壳体3–1外侧，伺服电机3–5与蜗杆3–3连接；蜗轮有螺纹孔，螺杆5拧入蜗轮中心的螺纹孔中，螺杆5上加工有导向键槽5–1，与导向键6相配合；导向键6用螺栓安装在蜗轮箱支架4上，控制箱7控制伺服电机3–5转动；控制伺服电机3–5转动带动蜗杆3–3转动，从而带动蜗轮3–2转动，螺杆5开有导向槽，导向槽内装有导向键6，因此，当蜗轮3–2转动时，螺杆5不能转动只能上下移动；控制箱7通过伺服电机3–5控制当双作用油缸1往复1次时螺杆5的移动距离，双作用油缸1往复1次，螺杆5移动一个距离，实现双作用油缸1在全行程内加载检测。

一种油缸分段加载测试装置说明书摘要

一种油缸加载测试装置，实施方式如下：双作用油缸1上下有油口A和B，用螺栓安装在油缸支架2上，蜗轮箱3用螺栓安装在蜗轮箱支架4上，蜗轮箱3内装有蜗轮3-2和蜗杆3-3，蜗轮箱壳体3-1上装有连接支架3-4，伺服电机3-5装在蜗轮箱壳体3-1外侧，伺服电机3-5与蜗杆3-3连接；蜗轮有螺纹孔，螺杆5拧入蜗轮中心的螺纹孔中，螺杆5上加工有导向键槽5-1，与导向键6相配合；导向键6用螺栓安装在蜗轮箱支架4上，控制箱7控制伺服电机3-5转动；控制伺服电机3-5转动带动蜗杆3-3转动，从而带动蜗轮3-2转动，螺杆5开有导向槽，导向槽内装有导向键6，因此，当蜗轮3-2转动时，螺杆5不能转动只能上下移动；控制箱7通过伺服电机3-5控制当双作用油缸1往复1次时螺杆5移动距离，双作用油缸1往复1次，螺杆5移动一个距离，实现双作用油缸1在全行程内加载检测。摘要附图请见图1-1-1。

1.2 一种带缓冲装置的内排式提升油缸（202120582042.6）

一种带缓冲装置的内排式提升油缸权利要求书

一种带缓冲装置的内排式提升油缸，由活塞杆1、缸筒2、缸头3、上缓冲阀4、新结构活塞5和下缓冲阀6组成，其特征是，缸筒和缸头焊为一体，新结构活塞装在活塞杆上，用钢丝卡簧限位，上缓冲阀装在新结构活塞的孔中，用上缓冲阀限位卡簧限位；所述活塞杆下部中空，并有油孔D和安装钢丝卡簧的槽；所述上缓冲阀由阀芯4-1、密封圈4-2、压缩弹簧4-3、阀套4-4、垫圈4-5和孔用弹性挡圈4-6组成，阀芯装在阀套的孔中，用压缩弹簧、垫圈和孔用弹性挡圈限位，阀芯上的锥度用于密封；所述新结构活塞由活塞本体5-1、支承环5-2、钢丝卡簧5-3、通气管5-4、密封圈5-5、支承环5-6、上缓冲阀限位卡簧5-7组成，下缓冲阀套6-1和下缓冲阀套卡簧6-2装在活塞本体孔中，活塞本体中心有用于装上缓冲阀的孔，下缓冲阀套与活塞本体孔之间有间隙，通气管焊在活塞本体上；上缓冲阀装在活塞本体上，用上缓冲阀限位卡簧限位。

一种带缓冲装置的内排式提升油缸说明书

技术领域

本发明涉及液压机械技术领域，特别涉及油缸设计技术领域。

背景技术

叉车在工作过程中，当提升油缸活塞至顶点或下降到最低时，由于油缸没有缓冲，会发生冲击，造成货物不稳定，容易发生事故。

发明内容

本发明就是为了解决上述难题，当活塞行程接近极限位置时，使提升或下降速度减缓，使货物稳定，确保操作安全。

一种带缓冲装置的内排式提升油缸，由活塞杆、缸筒、缸头、上缓冲阀和新结构活塞和下缓冲阀组成，其特征是，缸筒和缸头焊为一体，新结构活塞装在活塞杆上，用钢丝卡簧限位，上缓冲阀装在新结构活塞的孔中，用上缓冲阀限位卡簧限位；所述活塞杆下部中空，并有油孔D和安装钢丝卡簧的槽；所述上缓冲阀由阀芯、密封圈、压缩弹簧、阀套、垫圈和孔用弹性挡圈组成，阀芯装在阀套的孔中，用压缩弹簧、垫圈和孔用弹性挡圈限位，阀芯上的锥度用于密封；所述新结构活塞由活塞本体、支承环、钢丝卡簧、通气管、密封圈、支承环、钢丝卡簧、上缓冲阀限位卡簧组成，下缓冲阀套和下缓冲外套卡簧装在活塞本体孔中，活塞本体中心有用于装上缓冲阀的孔，下缓冲阀套与活塞本体孔之间有间隙f，通气管焊在活塞本体上；上缓冲阀装在活塞本体上，用上缓冲阀限位卡簧限位。

附图说明

图1-2-1是原提升油缸示意图（主视），图中A为进油口，B为出油口，出油口在外面，不仅影响美观，而且容易碰坏，原设计没有缓冲，货物提升至最高点或降至最低点时会发生冲击，存在安全隐患。

图1-2-2是本实用新型的示意图（主视），本视图中活塞处于最下部。

图1-2-3是本实用新型的示意图（主视）（Ⅱ），本视图中活塞接近最上部。

图1-2-4是本实用新型中图1-2-3中Ⅰ部放大示意图。

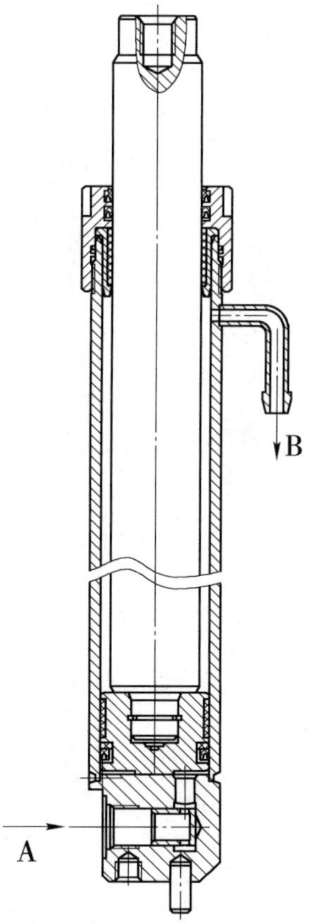

图1-2-1　原提升油缸的示意图（主视）

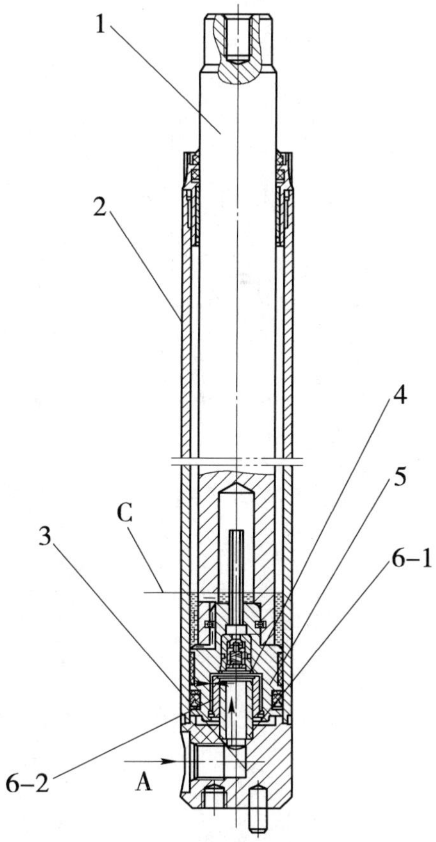

图1-2-2　带缓冲装置的内排式提升油缸主视示意图（Ⅰ）

图1-2-2中，活塞杆1，缸筒2，缸头3，上缓冲阀4，装在新结构活塞5孔

中，下缓冲阀芯6-1装在缸头孔中；下缓冲阀套6-2装在活塞孔中，下缓冲阀芯和下缓冲阀套组成下缓冲阀；缸筒、缸头与原结构完全相同，C线为预先加液压油的液面线，D为活塞杆上的油孔；箭头表示液压油流动方向。

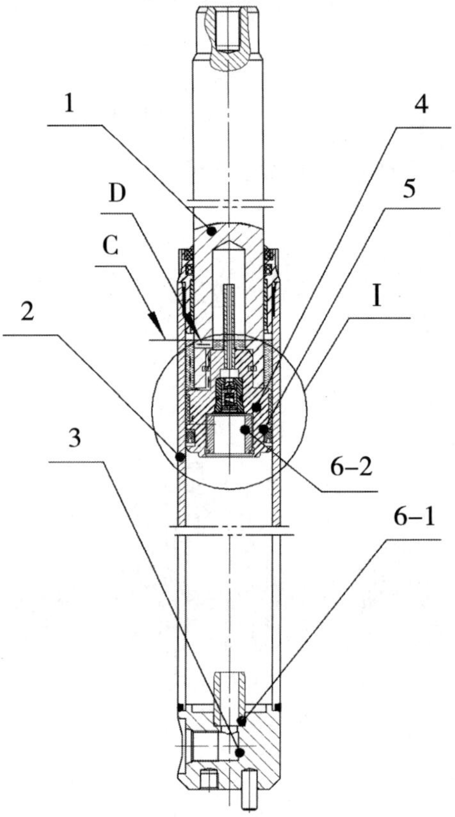

图1-2-3　带缓冲装置的内排式提升油缸主视示意图（Ⅱ）

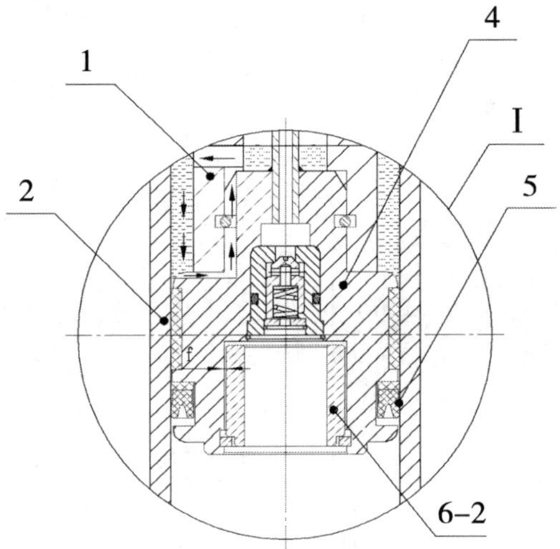

图1-2-4　带缓冲装置的内排式提升油缸Ⅰ部放大示意图

图1-2-5是本实用新型中上缓冲阀4的剖面示意图。图中，阀芯4-1有用于密

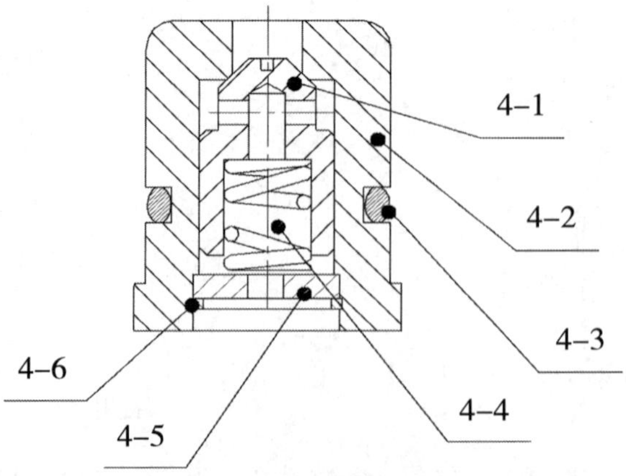

图1-2-5　上缓冲阀4的剖面示意图

封的锥度，阀套4-2有与阀芯配合的内锥，阀芯装在阀套中，密封圈4-3、压缩弹簧4-4、垫圈4-5用于压缩弹簧限位，孔用弹性挡圈4-6用于垫圈限位。

图1-2-6是本实用新型中新结构活塞5剖面示意图。图中，活塞本体5-1中心有用于装缓冲阀的孔，支承环5-2，钢丝卡簧5-3，通气管5-4，密封圈5-5；上缓冲阀限位卡簧5-6，下缓冲阀套6-2，下缓冲阀套卡簧5-7用于下缓冲阀套限位；下缓冲阀套和下缓冲阀芯组成下缓冲阀。

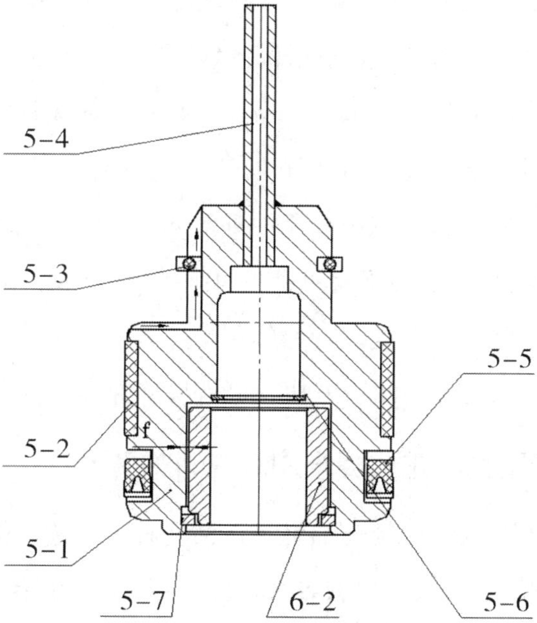

图1-2-6　活塞5剖面示意图

具体实施方式

对照附图进一步说明如下：

图1-2-2是本实用新型的示意图（主视）（Ⅰ），本视图中活塞处于最下部；图1-2-3是本实用新型的示意图（主视）（Ⅱ），本视图中活塞接近最上部；图1-2-4是本实用新型中图1-2-3中Ⅰ部放大示意图。

活塞杆、缸筒、缸头和上缓冲阀装在新结构活塞孔中，下缓冲阀芯装在缸头孔中；下缓冲阀套装在缸头孔中，下缓冲阀芯和下缓冲阀套组成下缓冲阀；C线为预先加液压油的液面线，D为活塞杆上的油孔；箭头表示液压油流动方向。

图1-2-5是本实用新型中上缓冲阀4的剖面示意图。图1-2-5中，阀芯有用于密封的锥度，阀套有与阀芯配合的内锥，阀芯装在阀套中，密封圈、压缩弹簧和

垫圈用于压缩弹簧限位，孔用弹性挡圈用于垫圈限位。

图1-2-6是本实用新型中新结构活塞5剖面示意图。图1-2-6中，活塞本体中心有用于装缓冲阀的孔，支承环、钢丝卡簧、通气管、密封圈上缓冲阀装在活塞本体外部，限位卡簧、下缓冲阀套、下缓冲阀套卡簧用于下缓冲阀套限位，装在活塞本体孔内；下缓冲阀套和下缓冲阀芯组成下缓冲阀。上缓冲阀装在活塞本体上，用上缓冲阀限位卡簧限位。

当液压油从A进入，阀芯上升使缓冲阀关闭，空气从空气管排出；压力油从阀套与活塞本体孔之间间隙*f*进入新结构活塞下部，推动活塞上升，在油缸第一次起升过程中，油缸的有杆腔内部空气通过内排阀排入无杆腔从而进入油箱，然后上腔保证在一定的负压状态。活塞杆内部为中空结构，然后加注一定量的液压油，在油缸上升过程中，通过挤压液压油到活塞杆内部起到缓冲的作用；活塞下降时接近缸底时，液压油通过下缓冲阀芯中间的孔回油，由于液压油通路面积小，从而使下降速度降低，起到缓冲的作用。

这种提升油缸结构简单，制造方便，能有效确保提升和下降时安全可靠。

一种带缓冲装置的内排式提升油缸说明书摘要

一种带缓冲装置的内排式提升油缸，由活塞杆、缸筒、缸头、上缓冲阀和新结构活塞和下缓冲阀组成，新结构活塞装在活塞杆上，用钢丝卡簧限位，上缓冲阀装在新结构活塞的孔中；缸头上装有下缓冲阀套；所述上缓冲阀由阀芯、密封圈、压缩弹簧、阀套、垫圈和孔用弹性挡圈组成；所述新结构活塞是由活塞本体、支承环、通气管、密封圈、支承环、钢丝卡簧、上缓冲阀限位卡簧组成；压力油从阀套与活塞本体孔之间间隙*f*进入新结构活塞下部，推动活塞上升，在油缸上升过程中，通过挤压液压油到活塞杆内部起到缓冲的作用；活塞下降接近缸底时，液压油通过下缓冲阀芯中间的孔回油，由于通路面积小，从而使下降速度降低，起到缓冲的作用。摘要附图请见图1-2-2。

1.3 一种单作用油缸加载试验设备（202020300971.9）

一种单作用油缸的加载试验设备权利要求书

一种单作用油缸的加载试验设备，由角铁架1、直线导轨2、连接支架3、加载油缸4、被测油缸5、油缸座6、插销7和液压系统8组成，其特征在于，角铁架由钢板焊接而成，有3个连接孔的油缸座焊接在角铁架上，直线导轨用螺钉安装在角铁架的立面上；所述直线导轨由导轨2-1和滑块2-2组成，滑块在导轨上可滑动；所述加载油缸为双作用油缸，下部有与油缸座连接的孔，上部活塞杆有螺纹；所述2个被测油缸为单作用油缸，下部有与油缸座连接的孔，上部活塞杆有螺纹；双作用油缸加载面积为2个被测油缸加载面积之和；用3根插销分别插入油缸座连接孔，将加载油缸和被测油缸与油缸座连为一体；插销上有槽，3块卡板分别卡入插销槽内，用螺栓紧固；所述加载油缸为双作用油缸，下部有与油缸座连接的孔，上部活塞杆有螺纹；连接支架为钢板焊接件，连接支架上的A孔套在加载油缸的活塞杆上，连接支架的2个B孔套在被测油缸的活塞杆上，用圆螺母紧固；连接支架的4个C孔，用螺钉与直线导轨上的滑板连接。所述液压系统由控制箱、动力泵、三位四通电磁阀、调压阀Ⅰ、调压阀Ⅱ和油管组成，控制箱控制加载压力和油缸升降。

一种单作用油缸的加载试验设备说明书

技术领域

本发明涉及液压件测试技术领域，特别涉及油缸测试技术领域。

背景技术

目前，单作用油缸的加载试验，大多模拟油缸实际使用工况，试验设备结构复杂，投资多，占地面积大，且缺乏通用性。

发明内容

本实用新型就是为了解决这一难题，发明一种结构简单，使用方便，通用性好的油缸试验方法。

一种单作用油缸的加载试验设备，由角铁架、直线导轨、连接支架、加载油缸、被测油缸、油缸座、插销和液压系统组成，其特征在于，角铁架由钢板焊接而成，有3个连接孔的油缸座焊接在角铁架上，直线导轨用螺钉安装在角铁架的立面上；所述直线导轨由导轨和滑块组成，滑块在导轨上可滑动；所述加载油缸为双作用油缸，下部有与油缸座连接的孔，上部活塞杆有螺纹；所述2个被测油缸为单作用油缸，下部有与油缸座连接的孔，上部活塞杆有螺纹；双作用油缸加载面积为2个被测油缸加载面积之和；用3根插销分别插入油缸座连接孔，将加载油缸和被测油缸与油缸座连为一体；插销上有槽，3块卡板分别卡入插销槽内，用螺栓紧固。所述加载油缸下部有与油缸座连接的孔，上部活塞杆有螺纹；连接支架为钢板焊接件，连接支架上的A孔套在加载油缸的活塞杆上，连接支架的2个B孔套在被测油缸的活塞杆上，用圆螺母紧固；连接支架的4个C孔，用螺钉与直线导轨上的滑板连接。所述液压系统由控制箱、动力泵、三位四通电磁阀、调压阀Ⅰ、调压阀Ⅱ和油管组成，控制箱控制加载压力和油缸升降。

附图说明

图1-3-1是单作用的油缸加载试验设备的主视示意图。图1-3-1中，各部分为角铁架1，直线导轨2，连接支架3，加载油缸4，被测油缸5，油缸座6，插销

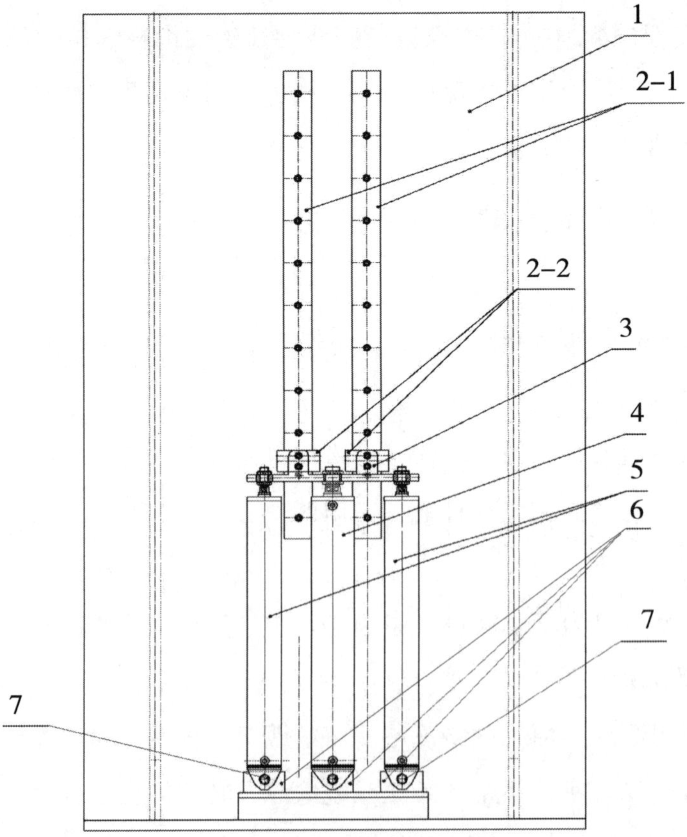

图1-3-1　单作用油缸加载试验设备主视示意图

7；连接支架将直线导轨上的滑台与加载油缸、被测油缸用紧固件连接在一起，加载油缸活塞面积是2个被测油缸面积的总和；直线导轨由导轨2-1和滑块2-2组成，滑块可在导轨上滑动。

图1-3-2是单作用的油缸加载试验设备的侧视示意图。

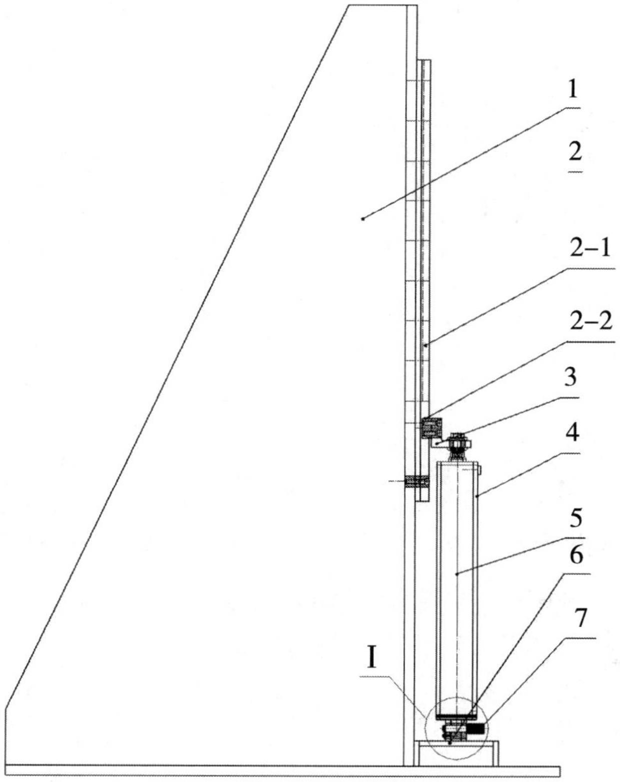

图1-3-2　单作用油缸加载试验设备侧视示意图

图1-3-3是本实用新型中连接支架3主视示意图。图1-3-3中，A孔套在加载

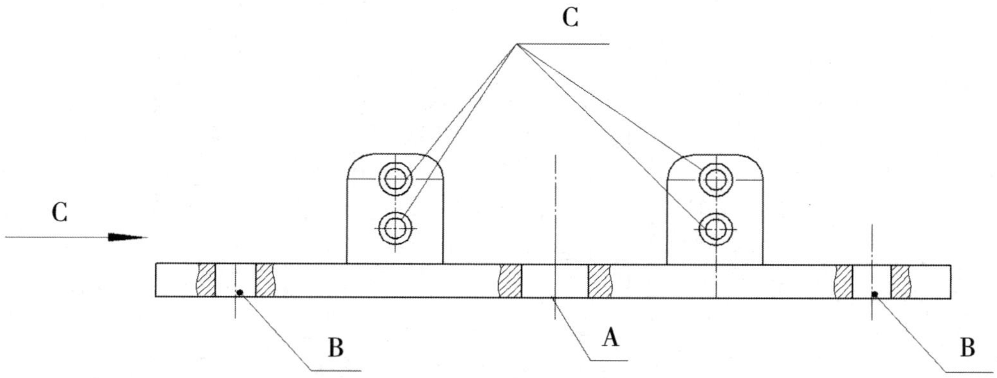

图1-3-3　连接支架3主视示意图

油缸活塞杆上，两面用圆螺母锁紧，B孔套在被测油缸活塞杆上，两面用圆螺母锁紧，螺钉从C孔穿入，将连接支架紧固在直线导轨的滑块上。

图1-3-4是本实用新型中连接支架3的侧视示意图。图1-3-4中，螺钉从C孔穿入，将连接支架紧固在直线导轨的滑块上。

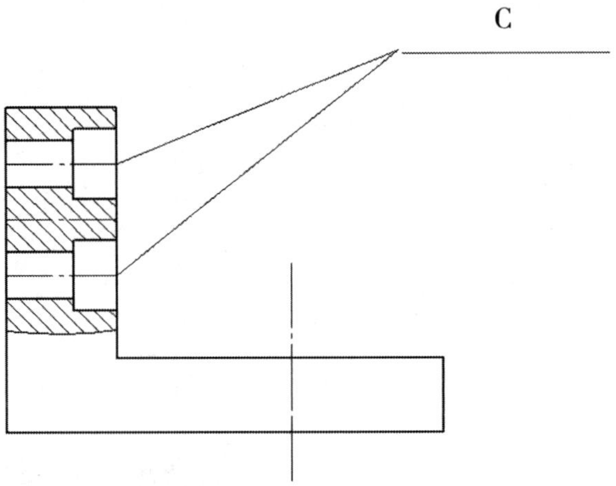

图1-3-4　连接支架3侧视示意图

图1-3-5是本发明的液压系统原理图。图1-3-5中，连接支架3，加载油缸4，被测油缸5，控制箱8-1控制电磁阀8-4的动作，动力泵8-2，调压阀Ⅰ8-3，调压阀Ⅱ8-5。

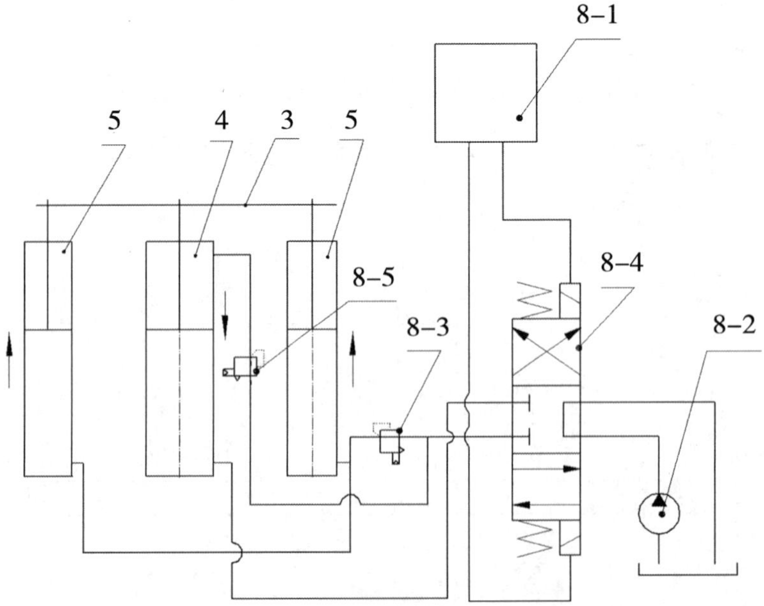

图1-3-5　液压系统原理图

图1-3-6是图1-3-2中Ⅰ部放大示意图。图1-3-6中，加载油缸4，被测油缸5，油缸座6上的3个大孔和3个螺钉孔，3根插销7分别将被测油缸和加载油缸与油缸座连在一起，插销上有槽，卡板6-1卡在插销槽内，用螺钉紧固。

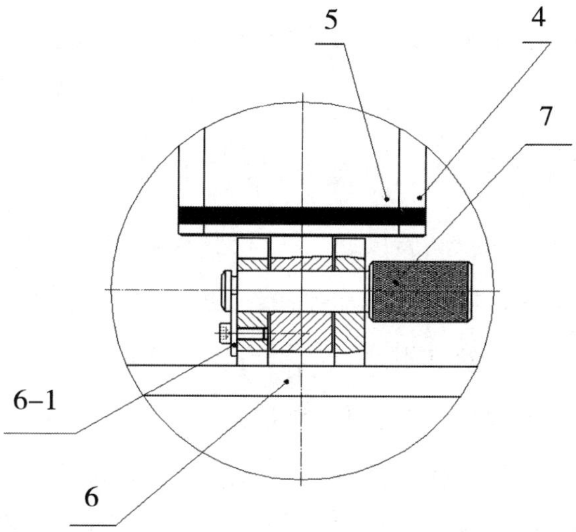

图1-3-6　侧视图中Ⅰ部放大示意图

具体实施方式

一种单作用油缸的加载试验设备，由角铁架、直线导轨、连接支架、加载油缸、被测油缸、油缸座、插销和液压系统组成，其特征在于，角铁架由钢板焊接而成，有3个连接孔的油缸座焊接在角铁架上，直线导轨用螺钉安装在角铁架的立面上；所述直线导轨由导轨和滑块组成，滑块在导轨上可滑动；所述加载油缸为双作用油缸，下部有与油缸座连接的孔，上部活塞杆有螺纹；所述2个被测油缸为单作用油缸，下部有与油缸座连接的孔，上部活塞杆有螺纹；用3根插销分别插入油缸座连接孔，将加载油缸和被测油缸与油缸座连为一体；插销上有槽，3块卡板分别卡入插销槽内，用螺栓紧固。所述加载油缸为双作用油缸，下部有与油缸座连接的孔，上部活塞杆有螺纹，加载面积为2个被测油缸加载面积之和；连接支架为钢板焊接件，连接支架上的A孔套在加载油缸的活塞杆上，连接支架的2个B孔套在被测油缸的活塞杆上，用圆螺母紧固；连接支架的4个C孔，用螺钉与直线导轨上的滑板连接。所述液压系统由控制箱、动力泵、三位四通电磁阀、调压阀Ⅰ、调压阀Ⅱ和油管组成，控制箱控制油缸升降和行程。当被测油缸从下部进油上升时，加载油缸从上部进油，使加载油缸活塞有向下的载荷，被测油缸活塞模拟工况加载，调整调压阀Ⅰ、调压阀Ⅱ，使被测油缸达到规定载荷；一个行程完成，调低调压阀Ⅰ压力，被测油缸在加载油缸作用下，活塞下移至最低；然后调高调压阀Ⅰ压力，被测油缸活塞杆上升；如此周而复始，完成被测油缸试验。如果调低调压阀Ⅰ压力调至接近于零，被测油缸是双作用油缸，可以进行往复试验；调压阀Ⅰ、调压阀Ⅱ的压力调整和油缸往复次数及行程均预先设定，由控制箱控制。

一种单作用油缸的加载试验设备说明书摘要

一种单作用油缸的加载试验设备，由角铁架、直线导轨、连接支架、加载油缸、被测油缸、油缸座、插销和液压系统组成，其特征在于，角铁架由钢板焊接而成；所述直线导轨由导轨和滑块组成，滑块在导轨上可滑动；所述加载油缸为双作用油缸；所述2个被测油缸为单作用油缸；加载面积为2个被测油缸加载面积之和；连接支架为钢板焊接件。所述液压系统由控制箱、动力泵、三位四通电磁阀、调压阀Ⅰ、调压阀Ⅱ和油管组成，控制箱控制油缸升降和行程；调压阀Ⅰ、调压阀Ⅱ的压力调整和油缸往复次数及行程均预先设定，由控制箱控制。摘要附图请见图1–3–2。

1.4 一种单作用油缸全程加载试验设备（202022407761.2）

一种单作用油缸的全程加载试验设备权利要求书

一种单作用油缸的全程加载试验设备，由台架1、被测油缸2、滑架组件3、加载油缸4和液压控制系统5组成，其特征在于，被测油缸和加载油缸安装在台架中的V形支架上，所述台架由支架1-1、限位角铁1-2和V形支架1-3组成，2件限位角铁和4件V形支架焊接在支架中的面板上；所述支架由面板1-1-1、框架1-1-2和方板1-1-3焊接而成，面板为厚钢板，框架由方钢管焊接而成，方板为方钢板；所述滑架组件由导杆支架Ⅰ3-1、导板3-2和连接架3-3组成，连接架用紧固件紧固在导板上，连接架中间有用于螺栓通过的孔，导杆装在导杆支架Ⅰ、导杆支架Ⅱ的相应的孔中，用螺栓紧固；滑架组件用螺栓紧固在面板上；所述V形支架由V形块、压板和螺栓组成，压板分别压在被测油缸和加载油缸上，用螺栓紧固；所述被测油缸为单作用油缸，加载油缸为双作用油缸，被测油缸和加载油缸均用限位角铁限位，被测油缸右端顶住导板左面，加载油缸的活塞杆上有螺孔，用螺栓将连接架与活塞杆连为一体；所述液压控制系统由控制箱、动力泵、三位四通电磁阀、调压阀Ⅰ、调压阀Ⅱ和油管组成，控制箱控制加载压力和油缸往复。

一种单作用油缸的全程加载试验设备说明书

技术领域

本发明涉及液压件测试技术领域，特别涉及油缸测试技术领域。

背景技术

目前，单作用油缸的加载试验，大多模拟油缸实际使用工况，试验设备结构复杂，投资多，占地面积大，且缺乏通用性。

发明内容

本实用新型就是为了解决这一难题，发明一种结构简单，使用方便，通用性好的油缸试验方法。

一种单作用油缸的全程加载试验设备，由台架、被测油缸、滑架组件、加载油缸和液压控制系统组成，其特征在于，被测油缸和加载油缸安装在台架中的V形支架上，所述台架由支架、限位角铁和V形支架组成，2件限位角铁和4件V形支架焊接在支架中的面板上；所述支架由面板、框架和方板焊接而成，面板为厚钢板，框架由方钢管焊接而成，方板为方钢板；所述滑架组件由导杆支架Ⅰ、导杆、导板、导杆支架Ⅱ和连接架组成，连接架用紧固件紧固在导板上，连接架中间有用于螺栓通过的孔，导杆装在导杆支架Ⅰ、导杆支架Ⅱ的相应的孔中，用螺栓紧固；滑架组件用螺栓紧固在面板上；所述V形支架由V形块、压板和螺栓组成，压板分别压在被测油缸和加载油缸上，用螺栓紧固；所述被测油缸为单作用油缸，加载油缸为双作用油缸，被测油缸和加载油缸均用限位角铁限位，被测油缸右端顶住导板左面，加载油缸的活塞杆上有螺孔，用螺栓将连接架与活塞杆连为一体；所述液压控制系统由控制箱、动力泵、三位四通电磁阀、调压阀Ⅰ、调压阀Ⅱ和油管组成，控制箱控制加载压力和油缸往复。

附图说明

图1-4-1是本实用新型的主视示意图。图1-4-1中，台架1，被测油缸2，滑架组件3，加载油缸4，液压控制系统5。

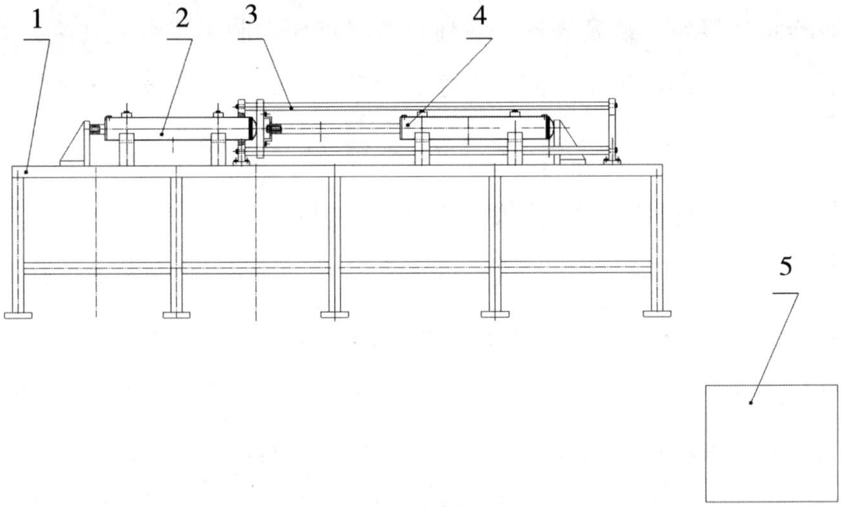

图1-4-1　加载试验设备主视示意图

图1-4-2是本实用新型中台架1的主视示意图。图1-4-2中，支架1-1，限位角铁1-2，V形支架1-3。

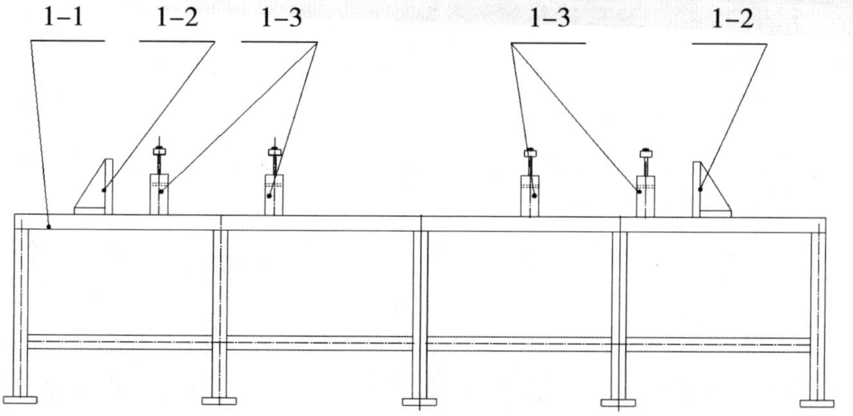

图1-4-2　台架主视示意图

图1-4-3是本实用新型中支架1-1的主视示意图。图1-4-3中，支架1-1由面板、框架和方板焊接而成，其中，面板1-1-1为厚钢板，上面有用于安装滑架组件的螺孔，4件V形支架和2件限位角铁焊接在面板上；框架1-1-1由方钢管焊接而成，方板1-1-3为方钢板。

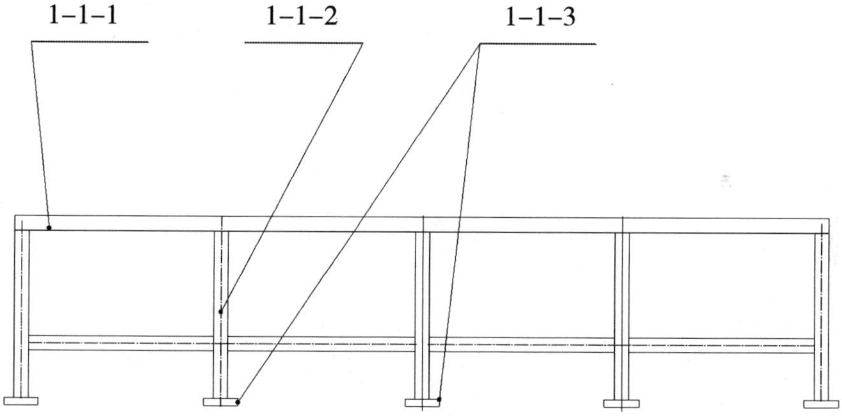

图1-4-3　支架主视示意图

图1-4-4是本实用新型中滑架组件3的主视示意图。图1-4-4中，导杆支架Ⅰ3-1和导杆支架Ⅱ3-2中间有被测油缸穿过的大孔和4个安装导杆的孔，导板3-2上有4个套在导杆上的孔，连接架3-3用紧固件紧固在导板上，连接架中间有用于螺栓通过的孔，图中的3-5为导杆支架Ⅱ，而导杆3-4装在导杆支架Ⅰ、导杆支架Ⅱ的相应的孔中，用螺栓紧固，滑架组件3用螺栓紧固在面板1-1-1上。

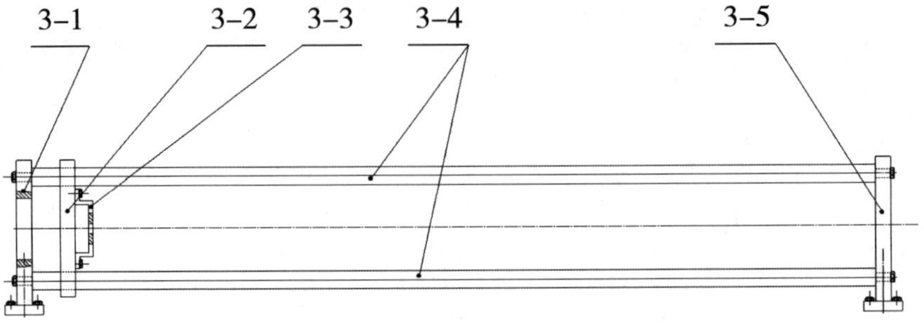

图1-4-4　滑架组件主视示意图

图1-4-5是本发明的液压控制系统原理图。图1-4-5中，被测油缸2，导板3-2，连接架3-3，加载油缸4，控制箱5-1三位四通电磁阀5-2、动力泵5-3，调压阀Ⅰ5-4，调压阀Ⅱ5-5。

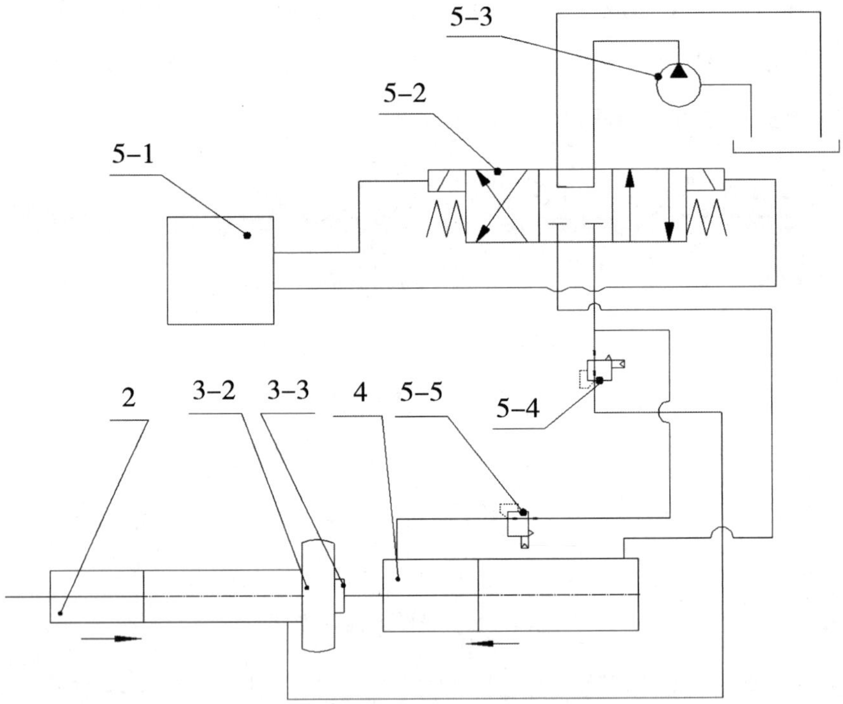

图1-4-5　液压控制系统原理图

具体实施方式

一种单作用油缸的全程加载试验设备，由台架、被测油缸、滑架组件、加载油缸和液压控制系统组成，其特征在于，被测油缸和加载油缸安装在台架中的V形支架上，所述台架由支架、限位角铁和V形支架组成，2件限位角铁和4件V形支架焊接在支架中的面板上；所述支架由面板、框架和方板焊接而成，面板为厚钢板，框架由方钢管焊接而成，方板为方钢板；所述滑架组件由导杆支架Ⅰ、导杆、导板、导杆支架Ⅱ和连接架组成，连接架用紧固件紧固在导板上，连接架中间有用于螺栓通过的孔，导杆装在导杆支架Ⅰ、导杆支架Ⅱ的相应的孔中，用螺栓紧固；滑架组件用螺栓紧固在面板上；所述V形支架由V形块、压板和螺栓组成，压板分别压在被测油缸和加载油缸上，用螺栓紧固；所述被测油缸为单作用油缸，加载油缸为双作用油缸，被测油缸和加载油缸均用限位角铁限位，被测油缸右端顶住导板左面，加载油缸的活塞杆上有螺孔，用螺栓将连接架与活塞杆连为一体；所述液压控制系统由控制箱、动力泵、三位四通电磁阀、调压阀Ⅰ、调压阀Ⅱ和油管组成，控制箱控制加载压力和油缸往复。

当被测油缸进油推动导板左行时，加载油缸从右部进油，顶紧导板，被测油缸活塞模拟工况加载，调整调压阀Ⅰ、调压阀Ⅱ，使被测油缸达到规定载荷且能向左移动；一个行程完成后，调低调压阀Ⅰ压力，使被测油缸在加载油缸作用下缸筒右移至终点；然后再调高调压阀Ⅰ压力，被测油缸缸筒左移；如此周而复始，对被测油缸进行往复试验；调压阀Ⅰ、调压阀Ⅱ的压力调整和油缸往复次数及行程均预先设定，由控制箱控制。

一种单作用油缸的全程加载试验设备说明书摘要

一种单作用油缸的全程加载试验设备，由台架、被测油缸、滑架组件、加载油缸和液压控制系统组成，其特征在于，被测油缸和加载油缸安装在台架中的V形支架上，所述台架由支架、限位角铁和V形支架组成，2件限位角铁和4件V形支架焊接在支架中的面板上；所述滑架组件由导杆支架Ⅰ、导杆、导板、导杆支架Ⅱ和连接架组成；所述被测油缸为单作用油缸，加载油缸为双作用油缸，被测油缸和加载油缸均用限位角铁限位；所述液压控制系统由控制箱、动力泵、三位四通电磁阀、调压阀Ⅰ、调压阀Ⅱ和油管组成，控制箱控制加载压力和油缸往复；对被测油缸进行往复试验；调压阀Ⅰ、调压阀Ⅱ的压力调整和油缸往复次数及行程均预先设定，由控制箱控制。摘要附图请见图1-4-1。

1.5 一种双作用油缸的模拟工况加载试验设备（202021413767.4）

一种双作用油缸的模拟工况加载试验设备权利要求书

一种双作用油缸的模拟工况加载试验设备，由支架1、插销Ⅰ2、被测油缸3、液压系统4、连接组件5、加载油缸6、插销Ⅱ7和浮动支承8组成，其特征在于，所述支架为钢板焊接件，两端焊有角铁，角铁上焊有与油缸连接的孔板；所述加载油缸和被测油缸均为双作用油缸，缸筒上的孔与焊在角铁上的孔板相连接后插入插销，活塞杆上的螺纹分别与连接组件上螺孔连接，用螺母锁定；所述连接组件由接头Ⅰ5-1、连接销5-2、套5-3、接头Ⅱ5-4和螺母5-5组成，接头Ⅰ上的凸出部分与接头Ⅱ的凹入部分配合后插入连接销垫入垫圈用螺母锁定；所述浮动支承由托板8-1、压缩弹簧8-2、压缩弹簧座8-3组成；托板支承油缸，压缩弹簧套在压缩弹簧座上，压缩弹簧座焊在支架上；所述液压系统由控制箱4-1、三位四通电磁阀4-2、调压阀4-3、油泵4-4和油管4-5组成，通过油管与被测油缸和加载油缸的油口连接，控制箱控制油缸试验次数，调压阀调整系统压力。

一种双作用油缸的模拟工况加载试验设备说明书

技术领域

本发明涉及液压件测试技术领域，特别涉及油缸测试技术领域。

背景技术

目前，双作用油缸的加载试验，大多模拟油缸实际使用工况，试验设备结构复杂，投资多，占地面积大，且缺乏通用性。

发明内容

本发明就是为了解决这一难题，发明一种结构简单，使用方便，通用性好的双作用油缸的试验方法。

一种双作用油缸的模拟工况加载试验设备，由支架、插销Ⅰ、被测油缸、液压系统、连接组件、加载油缸、插销Ⅱ和浮动支承组成，其特征在于，所述支架为钢板焊接件，两端焊有角铁，角铁上焊有与油缸连接的孔板；所述加载油缸和被测油缸均为双作用油缸，缸筒上的孔与焊在角铁上的孔板相连接后插入插销，活塞杆上的螺纹分别与连接组件上螺孔连接，用螺母锁定；所述连接组件由接头

Ⅰ、连接销、套、接头Ⅱ和螺母组成，接头Ⅰ上的凸出部分与接头Ⅱ的凹入部分配合后插入连接销垫入垫圈用螺母锁定；所述浮动支承由托板、压缩弹簧、压缩弹簧座组成；托板支承油缸，压缩弹簧套在压缩弹簧座上，压缩弹簧座焊在支架上；所述液压系统由控制箱、三位四通电磁阀、调压阀、油泵和油管组成，通过油管与被测油缸和加载油缸的油口连接，控制箱控制油缸试验次数，调压阀调整系统压力。

附图说明

图1–5–1是本发明的主视示意图。图1–5–1中，支架1，插销Ⅰ2，被测油缸3，液压系统4，连接组件5，加载油缸6，插销Ⅱ7；其中加载油缸的缸径是被测油缸面积的90%；浮动支承8。

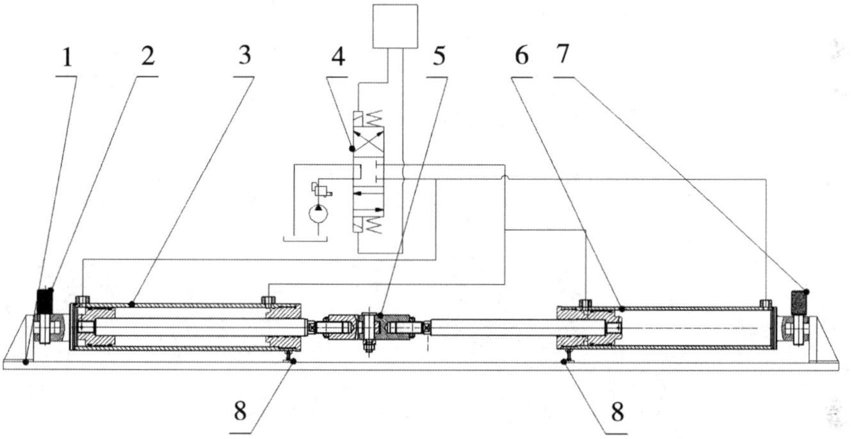

图1–5–1　模拟工况加载试验设备主视示意图

图1–5–2是本发明中液压系统示意图。图1–5–2中，控制箱4–1，三位四通电磁阀4–2，调压阀4–3，油泵4–4，油管4–5，通过油管与被测油缸和加载油缸的油口连接。

图1–5–3是本发明中连接组件5的示意图。图1–5–3中，接头Ⅰ5–1，连接销5–2，套5–3，接头Ⅱ5–4，螺母5–5；接头Ⅰ上的内螺纹与被测油缸连接后用螺母锁定；接头Ⅱ的内螺纹与被测油缸连接后用螺母锁定；接头Ⅰ上的凸出部分与接头Ⅱ的凹入部分配合后插入连接销垫入垫圈用螺母锁定。

图1–5–4是本发明中浮动支承8的示意图。图1–5–4中，托板8–1，压缩弹簧8–2，压缩弹簧座8–3；托板支承油缸，压缩弹簧套在压缩弹簧座上，压缩弹簧座焊在支架上。

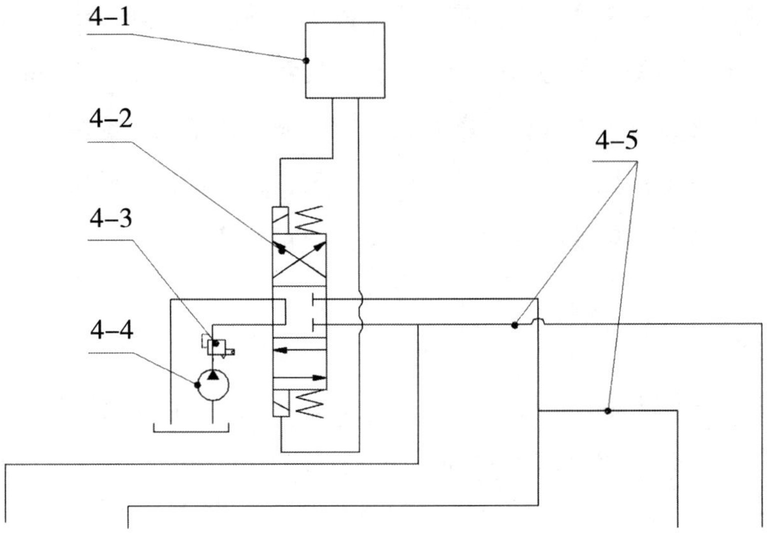

图1-5-2　液压系统示意图

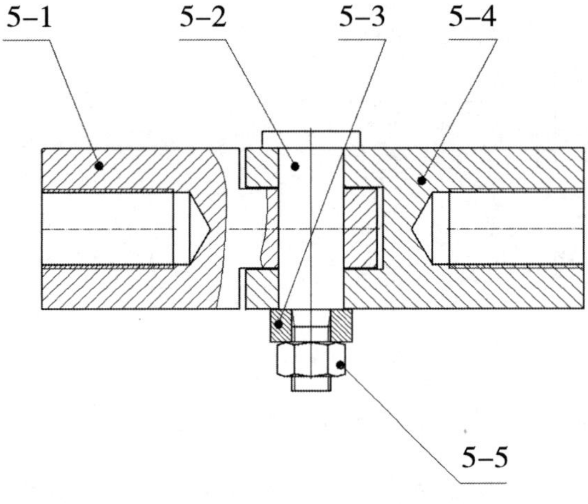

图1-5-3　连接组件5示意图

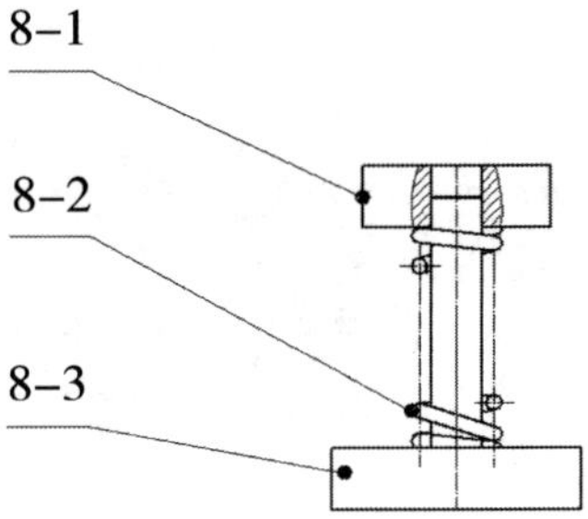

图1-5-4　浮动支承8示意图

具体实施方式

根据附图进一步说明：如附图所示，本发明由支架1、插销Ⅰ2、被测油缸3、液压系统4、连接组件5、加载油缸6、插销Ⅱ7和浮动支承8组成，其中加载油缸的缸径是被测油缸面积的90%。

如图1-5-2所示，本发明中液压系统由控制箱4-1，三位四通电磁阀4-2，调压阀4-3，油泵4-4，油管4-5，通过油管与被测油缸和加载油缸的油口连接。

如图1-5-3所示，连接组件5是由接头Ⅰ5-1，连接销5-2，套5-3，接头Ⅱ5-4，螺母5-5；接头Ⅰ上的内螺纹与被测油缸连接后用螺母锁定；接头Ⅱ的内螺纹与被测油缸连接后用螺母锁定；接头Ⅰ上的凸出部分与接头Ⅱ的凹入部分配合后插入连接销垫入垫圈用螺母锁定。

如图1-5-4所示浮动支承8的示意图，托板8-1，压缩弹簧8-2，压缩弹簧座8-3；托板支承油缸，压缩弹簧套在压缩弹簧座上，压缩弹簧座焊在支架上。

所述支架为钢板焊接件，两端焊有角铁，角铁上焊有与油缸连接的孔板；所述加载油缸和被测油缸均为双作用油缸，缸筒上的孔与焊在角铁上的孔板相连接后插入插销，活塞杆上的螺纹分别与连接组件上螺孔连接，用螺母锁定；控制箱控制油缸试验次数，调压阀调整系统压力。因加载油缸的缸径是被测油缸面积的90%，因此，在相同的系统压力作用下，被测油缸的活塞往复移动可以推动加载油缸的活塞往复移动，模拟实际工况进行检测。

一种双作用油缸的模拟工况加载试验设备说明书摘要

一种双作用油缸的模拟工况加载试验设备，由支架、插销Ⅰ、被测油缸、液压系统、连接组件、加载油缸、插销Ⅱ和浮动支承组成，所述支架为钢板焊接件，两端焊有角铁；所述加载油缸和被测油缸均为双作用油缸，缸筒上的孔与焊在角铁上的孔板相连接后插入插销，活塞杆上的螺纹分别与连接组件上螺孔连接，用螺母锁定；所述浮动支承由托板、压缩弹簧、压缩弹簧座组成；所述液压系统由控制箱、三位四通电磁阀、调压阀、油泵和油管组成；控制箱控制油缸试验次数，调压阀调整系统压力。其中加载油缸的缸径是被测油缸面积的90%，因此，在相同的系统压力作用下，被测油缸的活塞往复移动可以推动加载油缸的活塞往复移动，模拟实际工况进行检测。摘要附图请见图1-5-1。

1.6 一种去油缸缸筒内黏附物的设备（202021476857.8）

一种去油缸缸筒内黏附物的设备权利要求书

一种去油缸缸筒内黏附物的设备，由机架组件1、去黏附物机构2、缸筒支架Ⅰ3、拉紧气缸组件4、缸筒支架Ⅱ5和往复气缸组件6组成，其特征在于，去黏附物机构、缸筒支架Ⅰ、拉紧气缸组件、缸筒支架Ⅱ和往复气缸组件均装在机架组件上，所述机架组件由机架1-1、直线导轨1-2、滑台1-3和机脚1-4组成，机架由钢板焊接而成，直线导轨用螺钉紧固在机架上，滑台可在直线导轨上滑动；缸筒支架Ⅰ、缸筒支架Ⅱ用螺栓紧固在机架平面上，拉紧气缸用螺栓紧固在机架上；所述拉紧气缸组件由拉紧气缸、拉紧板和固定挡块组成，拉紧板套在活塞杆上，用固定挡块限位；机架平面有用于安装相关零部件的孔和螺孔，机架中间有用于活塞杆固定板移动的槽；所述去黏附物机构由圆杆支架Ⅰ、圆杆、圆杆支架Ⅱ和去黏附物头组成，所述去黏附物头由本体2-4-1、密封圈2-4-2、支承环2-4-3组成，本体上有槽，支承环和密封圈装在本体的槽中，本体装在圆杆上；所述往复气缸组件由缸筒支架6-1、往复气缸6-2、活塞杆固定板6-3组成，缸筒支架焊在机架下部，活塞杆固定板用螺钉紧固在滑台上，缸筒支架与缸筒、活塞杆与活塞杆固定板均用铰链连接。

一种去油缸缸筒内黏附物的设备说明书

技术领域

本发明涉及液压件生产技术领域，特别涉及油缸生产技术领域。

背景技术

目前，油缸缸筒清洗后，缸筒内的水和黏附物难以清除干净，黏附物中的微粒容易加剧油缸缸筒内孔磨损。

发明内容

本实用新型就是为了解决这一难题，发明一种结构简单，使用方便，通用性好的去油缸缸筒内黏附物的设备。

一种去油缸缸筒内黏附物的设备，由机架组件、去黏附物机构、缸筒支架Ⅰ、拉紧气缸组件、缸筒支架Ⅱ和往复气缸组件组成，其特征在于，去黏附物机构、缸筒支架Ⅰ、拉紧气缸组件、缸筒支架Ⅱ和往复气缸组件均装在机架组件上，所述机架组件是由机架、直线导轨、滑台和机脚组成，机架由钢板焊接而成，直线导轨用螺钉紧固在机架上，滑台可在直线导轨上滑动；缸筒支架Ⅰ、缸筒支架Ⅱ用螺栓紧固在机架平面上，拉紧气缸用螺栓紧固在机架上；所述拉紧气缸组件由拉紧气缸、拉紧板和固定挡块组成，拉紧板套在活塞杆上，用固定挡块限位；机架平面有用于安装相关零部件的孔和螺孔，机架中间有用于活塞杆固定板移动的槽；所述去黏附物机构由圆杆支架Ⅰ、圆杆、圆杆支架Ⅱ和去黏附物头组成，所述去黏附物头由支承环、本体、密封圈组成，本体上有槽，支承环和密封圈装在本体的槽中，本体装在圆杆上；所述往复气缸组件由缸筒支架、往复气缸、活塞杆固定板组成，缸筒支架焊在支架下部，活塞杆固定板用螺钉紧固在滑台上，缸筒支架与缸筒、活塞杆与活塞杆固定板均用铰链连接。

附图说明

图1-6-1是本实用新型的主视示意图。

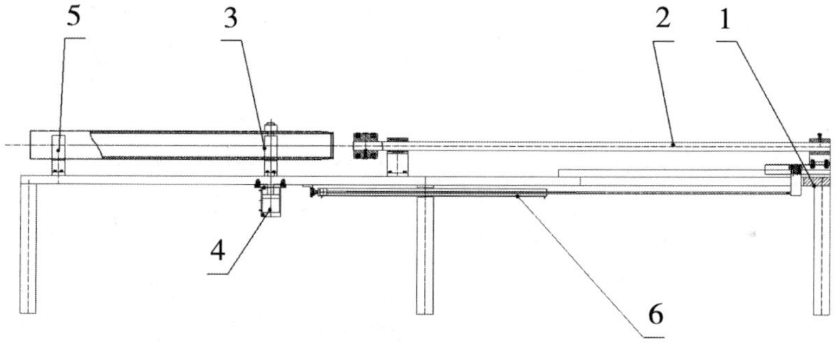

图1-6-1　去油缸缸筒内黏附物的设备主视示意图

图1-6-2是本实用新型的俯视示意图。图1-6-2中，机架组件1，去黏附物机构2，缸筒支架Ⅰ3，拉紧气缸组件4，缸筒支架Ⅱ5，往复气缸组件6。

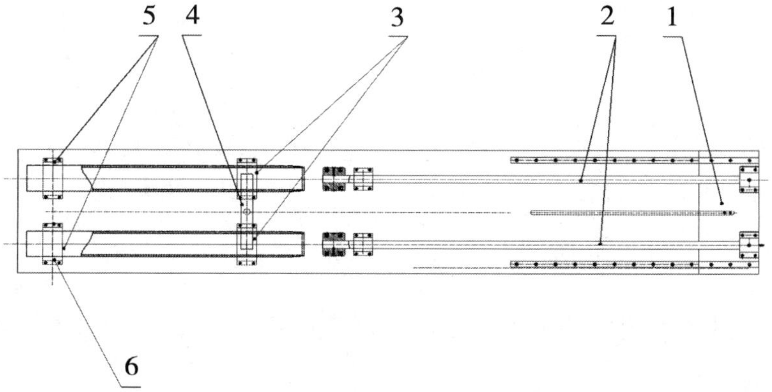

图1-6-2　去油缸缸筒内黏附物的设备俯视示意图

图1-6-3是本实用新型中机架组件1的主视示意图。

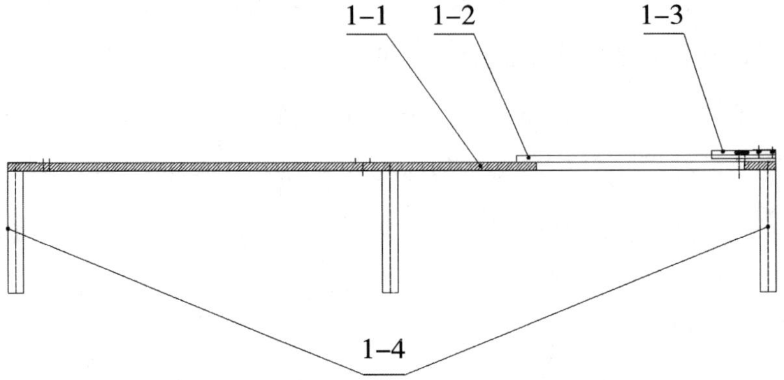

图1-6-3　机架组件1主视示意图

图1-6-4是本实用新型中机架组件1的俯视示意图。图1-6-4中，由钢板焊接而成的机架1-1，直线导轨1-2用螺钉紧固在机架上，滑台1-3可在直线导轨1-2上滑动；机架、滑台上有用于连接的孔和螺孔；机架中间有槽，支脚1-4支撑机架。

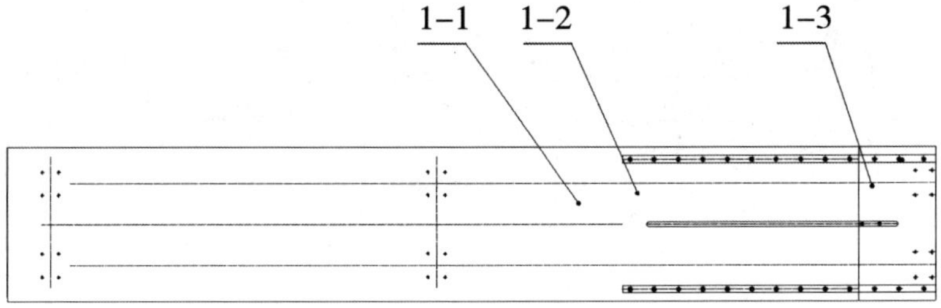

图1-6-4　机架组件1俯视示意图

图1-6-5是本实用新型中去黏附物机构2的示意图。图1-6-5中，圆杆支架Ⅰ2-1，圆杆2-2，圆杆支架Ⅱ2-3，去黏附物头2-4。

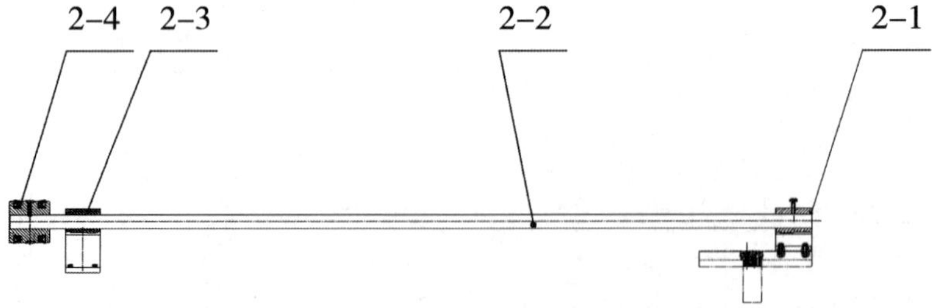

图1-6-5　去黏附物机构2示意图

图1-6-6是去黏附物头2-4的放大示意图。图1-6-6中，本体2-4-1，密封圈2-4-2，支承环2-4-3。

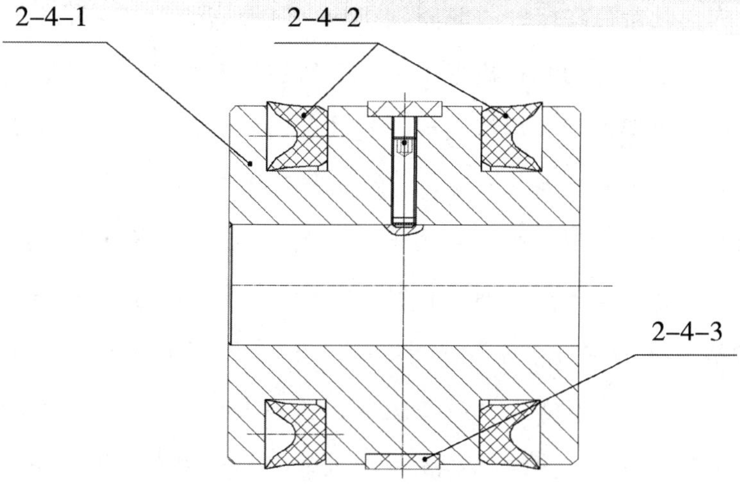

图1-6-6　去黏附物头2-4放大示意图

图1-6-7是本实用新型中往复气缸组件6的示意图。图1-6-7中，缸筒支架6-1焊在机架1-1上，往复气缸6-2，活塞杆固定板6-3用螺钉紧固在滑台1-3上，缸筒与缸筒支架、活塞杆与活塞杆固定板均用铰链连接。

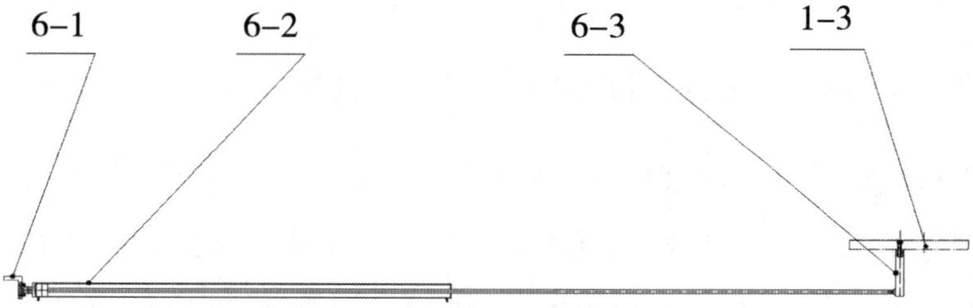

图1-6-7　往复气缸组件6示意图

图1-6-8是本实用新型中拉紧气缸组件4的示意图。图1-6-8中，拉紧气缸4-1用螺栓紧固在机架上，拉紧板4-2套在活塞杆上，固定挡块4-3用螺栓紧固在上。

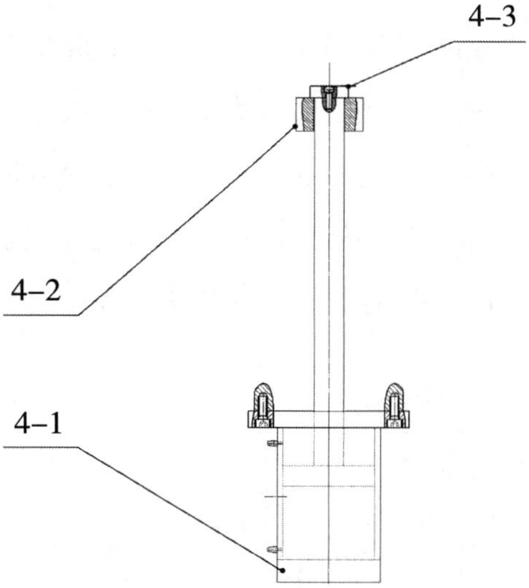

图1-6-8　拉紧气缸组件4示意图

具体实施方式

一种去油缸缸筒内黏附物的设备，由机架组件、去黏附物机构、缸筒支架Ⅰ、拉紧气缸组件、缸筒支架Ⅱ和往复气缸组件组成，其特征在于，去黏附物机构、缸筒支架Ⅰ、拉紧气缸组件、缸筒支架Ⅱ和往复气缸组件均装在机架组件上，所述机架组件由机架、直线导轨、滑台和机脚组成，机架由钢板焊接而成，直线导轨用螺钉紧固在机架上，滑台可在直线导轨上滑动；缸筒支架Ⅰ、缸筒支架Ⅱ用螺栓紧固在机架平面上，拉紧气缸用螺栓紧固在机架上；机架平面有用于安装相关零部件的孔和螺孔，机架中间有用于活塞杆固定板移动的槽；所述拉紧气缸组件由拉紧气缸、拉紧板和固定挡块组成，拉紧板套在活塞杆上，用固定挡块限位；所述去黏附物机构由圆杆支架Ⅰ、圆杆、圆杆支架Ⅱ和去黏附物头组成，所述去黏附物头由支承环、本体、密封圈组成，本体上有槽，支承环和密封圈装在本体的槽中，本体装在圆杆上；所述往复气缸组件由缸筒支架、往复气缸、活塞杆固定板组成，缸筒支架焊在机架下部，活塞杆固定板用螺钉紧固在滑台上，缸筒支架与缸筒、活塞杆与活塞杆固定板均用铰链连接。

往复气缸往复移动，带动去黏附物头往复移动，去黏附物头上密封圈刃口将残存在缸筒内的水和黏附物刮出。

一种去油缸缸筒内黏附物的设备说明书摘要

一种去油缸缸筒内黏附物的设备，由机架组件、去黏附物机构、缸筒支架Ⅰ、拉紧气缸组件、缸筒支架Ⅱ和往复气缸组件组成，去黏附物机构、缸筒支架Ⅰ、拉紧气缸组件、缸筒支架Ⅱ和往复气缸组件均装在机架组件上，直线导轨用螺钉紧固在机架上；缸筒支架Ⅰ、缸筒支架Ⅱ用螺栓紧固在机架平面上，拉紧气缸用螺栓紧固在机架上；所述拉紧气缸组件由拉紧气缸、拉紧板和固定挡块组成；所述去黏附物机构由圆杆支架Ⅰ、圆杆、圆杆支架Ⅱ和去黏附物头组成，所述去黏附物头由支承环、本体、密封圈组成；所述往复气缸组件由缸筒支架、往复气缸、活塞杆固定板组成；往复气缸往复移动，带动去黏附物头上密封圈刃口移动，将残存在缸筒内的水和黏附物刮出。摘要附图请见图1–6–1。

1.7　一种油箱泄漏的检测方法（202020058458.3）

一种油箱泄漏的检测方法权利要求书

一种油箱泄漏的检测方法，由待检油箱组件1、推动缸2、双作用油缸3、减压阀4、电器开关5、二位四通电磁阀6、回油箱7、油泵8和油管9组成，其特征在于，待检油箱内部注满液体，上部用盖密封，下部通过油管与推动缸连接；油管将所有液压元件连通；油泵经油管给液压系统供油，电器开关通过控制二位四通电磁阀控制双作用油缸左右移动，减压阀控制检测压力。

一种油箱泄漏的检测方法说明书

技术领域

本实用新型涉及液压件检测领域，特别涉及油箱泄漏检测领域。

背景技术

目前，油箱泄漏检测主要采用两种方法：①将油箱密封后，充入压缩空气，在焊缝处刷肥皂水，漏气处会产生气泡；②将油箱密封后，充入压缩空气，放入水池，漏气处会产生气泡。第一种方法难以消除全部泄漏处，第二种方法难以确定气孔的准确位置。

发明内容

本实用新型就是为了克服上述缺点，提供一种油箱泄漏检测的新方法。

一种油箱泄漏的检测方法，由待检油箱组件、推动缸、双作用油缸、减压阀、电器开关、二位四通电磁阀、回油箱、油泵和油管组成，其特征在于，待检油箱内部注满液体，上部用盖密封，下部通过油管与推动缸连接；油管将所有液压元件连通；油泵经油管给液压系统供油，电器开关通过控制二位四通电磁阀控制双作用油缸左右移动，减压阀控制检测压力。

附图说明

图1-7-1是本实用新型的主视示意图。图1-7-1中，待检油箱组件1，箱体1-1上部有密封盖1-2，用螺栓紧固，下部有出口与油管连接；推动缸2，双作用油缸3的活塞与推动缸活塞用活塞杆相连接；减压阀4的油管与进油管连接；电器开关5用于控制二位四通电磁阀6电磁铁接通或关闭，回油箱7用于回油，油泵8通过二位四通电磁阀给双作用油缸供油，油管9将液压元件连通。

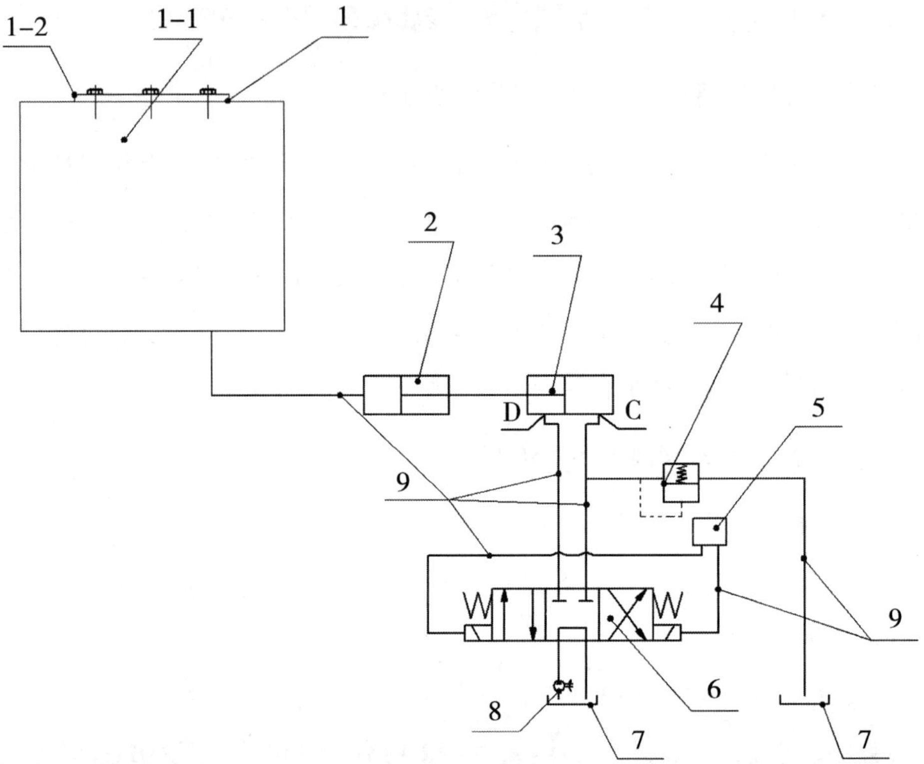

图1-7-1　油箱泄漏的检测方法主视示意图

具体实施方式

一种油箱泄漏的检测方法，由待检油箱组件、推动缸、双作用油缸、减压阀、电器开关、二位四通电磁阀、回油箱、油泵和油管组成，其特征在于，待检油箱内部注满液体，上部用盖密封，下部通过油管与推动缸连接，油管将所有液压元件连通；油泵经油管给液压系统供油，电器开关通过控制二位四通电磁阀控制双作用油缸左右移动，减压阀控制检测压力，双作用油缸向左移动时，推动推动缸活塞左移，给待检油箱组件内的液体加压，泄漏处就会有液体渗出，在渗出处做好记号，电器开关通过控制二位四通电磁阀控制双作用油缸向右移动，电焊工在记号处补焊；补焊后继续检测，直至不渗漏为止。

一种油箱泄漏的检测方法说明书摘要

一种油箱泄漏的检测方法，由待检油箱组件、推动缸、双作用油缸、减压阀、电器开关、二位四通电磁阀、回油箱、油泵和油管组成，其特征在于，待检油箱内部注满液体，上部用盖密封，下部通过油管与推动缸连接，油管将所有液压元件连通；油泵经油管给液压系统供油，电器开关通过控制二位四通电磁阀控制双作用油缸左右移动，减压阀控制检测压力，双作用油缸向左移动时，推动推动缸活塞左移，给待检油箱组件内的液体加压，泄漏处就会有液体渗出，在渗出处做好记号，电器开关通过控制二位四通电磁阀控制双作用油缸向右移动，电焊工在记号处补焊；补焊后继续检测，直至不渗漏为止。摘要附图请见图1-7-1。

2. 环保技术

2.1 一种船用柴油机复合排烟式SCR催化器（201821031722.3）

一种船用柴油机复合排烟式SCR催化器权利要求书

一种船用柴油机复合排烟式SCR催化器，由进口模块1、阀门模块2、催化模块3、出口模块4和控制系统5组成，其特征是，用螺栓将进口模块、阀门模块、催化模块、出口模块连接成一体；所述进口模块由导流器1-1、法兰组件1-2、标准套件1-3、尿素喷射口1-4、进口模块外壳1-5、管道法兰1-6、加热管1-7焊接而成；所述阀门模块由法兰组件2-1、外壳2-2、阀片轴2-3、拉板2-4、连接销2-5、双作用油缸2-6焊接组装而成；所述催化模块由催化陶瓷块组件3-1、催化模块框架3-2、限位筋板3-3和隔热层3-4组装后焊接而成；所述出口模块由管道法兰4-1、温度传感器座4-2、NO_x传感器座4-3、管道4-4、法兰组件4-5焊接而成，所述控制系统由控制箱5-1、二位四通电磁阀5-2、油箱5-3、油泵5-4组装而成，控制阀门的开启或关闭。

一种船用柴油机复合排烟式SCR催化器说明书

技术领域

本发明涉及环保技术领域，特别涉及船用柴油机减排放技术领域。

背景技术

在MARPOL国际公约附则Ⅵ中规定，2016年1月1日以后建造的船舶，在排放控制区，柴油机尾气排放必须达到Tier Ⅲ排放标准，Tier Ⅲ标准中NO_x的排放比Tier Ⅱ标准降低了76.4%，制造新船时，柴油机的排放达标势在必行。催化还原技术（SCR），是针对柴油机尾气排放中氮氧化物（NO_x）进行处理的一项工艺，即在催化剂的作用下，喷入还原剂氨或尿素，把尾气中的NO_x还原成N_2和H_2O，从而减少NO_x的排放。国际法则规定，远洋运输船在近海岸80海里，必须启动SCR后处理装置。为了节约开支，减少运营成本，运营商都是在无规定的海域停止使用SCR系统，所以，将SCR装置装在旁通管上，来完成SCR后处理，旁通管占用了很大的空间。

发明内容

该催化器通过控制阀门开启或关闭，来控制SCR催化器的使用，采用直通式设计，不用旁通管，结构紧凑，节约空间。

一种船用柴油机复合排烟式SCR催化器，由进口模块、阀门模块、催化模块、出口模块和控制系统组成，其特征是，用螺栓将进口模块、阀门模块、催化模块、出口模块连接成一体；所述进口模块由导流器、法兰组件、标准套件、尿素喷射口、进口模块外壳 、管道法兰、加热管焊接而成；所述阀门模块由法兰组件、 外壳、阀片轴、拉板、连接销、双作用油缸焊接组装而成；所述催化模块由催化陶瓷块组件、催化模块框架、限位筋板和隔热层组装后焊接而成；所述出口模块由管道法兰、温度传感器座、NO_x传感器座、管道、法兰组件焊接而成，所述控制系统是由控制箱、二位四通电磁阀、油箱、油泵组装而成，控制阀门的开启或关闭。

附图说明

图2-1-1是一种船用柴油机复合排烟式SCR催化器结构示意图。图中，进口模块1，阀门模块2，催化模块3，出口模块4，控制系统5，A表示气流方向。

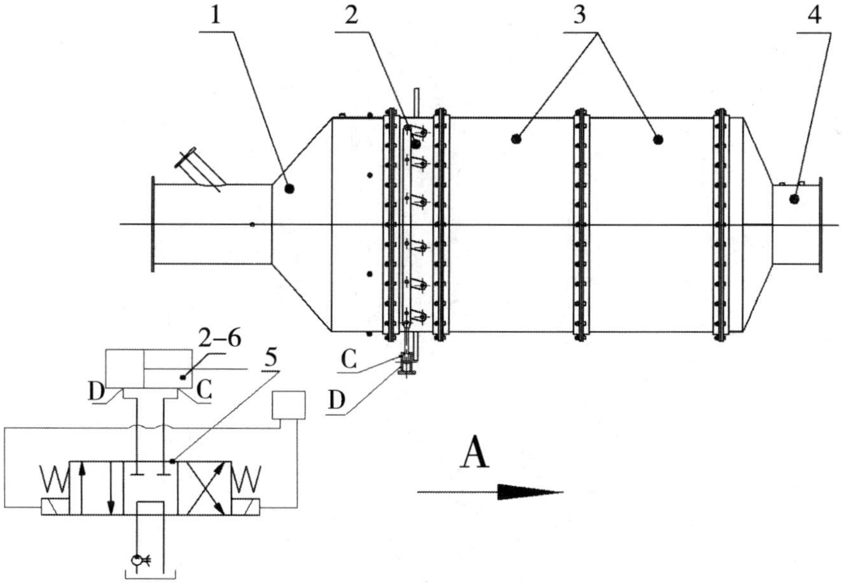

图2-1-1 船用柴油机复合排烟式SCR催化器示意图

图2-1-2是进口模块1的结构示意图。图中，导流器1-1，法兰组件1-2，标准套件1-3，尿素喷射口1-4，进口模块外壳1-5，管道法兰1-6，加热管1-7。

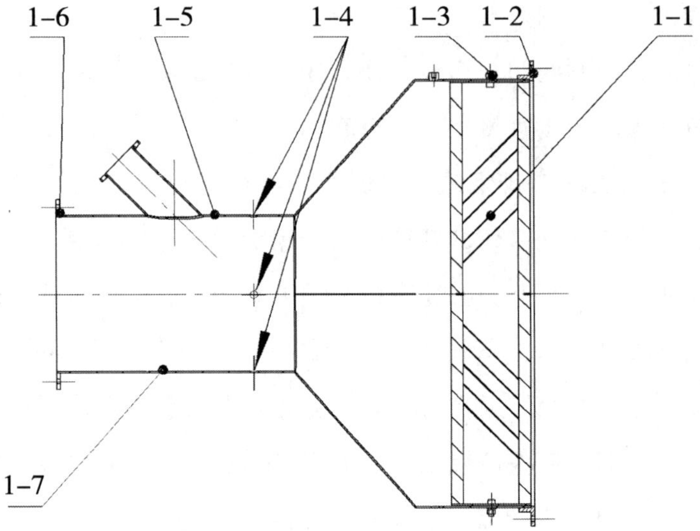

图2-1-2　进口模块1结构示意图

图2-1-3是阀门模块2的结构示意图。图中，法兰组件2-1，外壳2-2，阀片轴2-3，拉板2-4，连接销2-5，双作用油缸2-6，C、D二个接口与控制系统油管相连接。

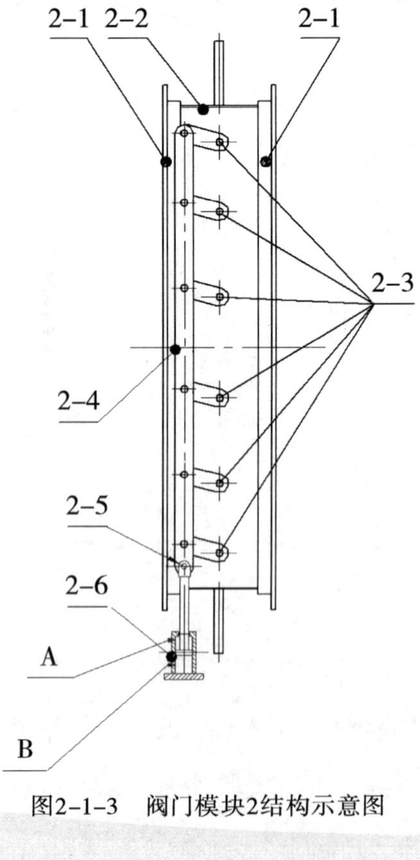

图2-1-3　阀门模块2结构示意图

图2-1-4是阀门模块3的示意图。图中，法兰组件2-1，外壳2-2，阀片轴2-3，拉板2-4，连接销2-5，周边阀片和中间阀片焊接在阀片轴上，每片阀片在全长范围内上下热铆有不锈钢薄片，用于密封，与排烟防火阀结构相同；双作用油缸2-6，C、D二个接口与控制系统油管相连接，活塞杆上移时，四周的阀片2-7逐渐打开，中间阀片2-8逐渐关闭；反之，活塞杆下移时，四周的阀片2-7逐渐关闭，中间阀片2-8逐渐打开。

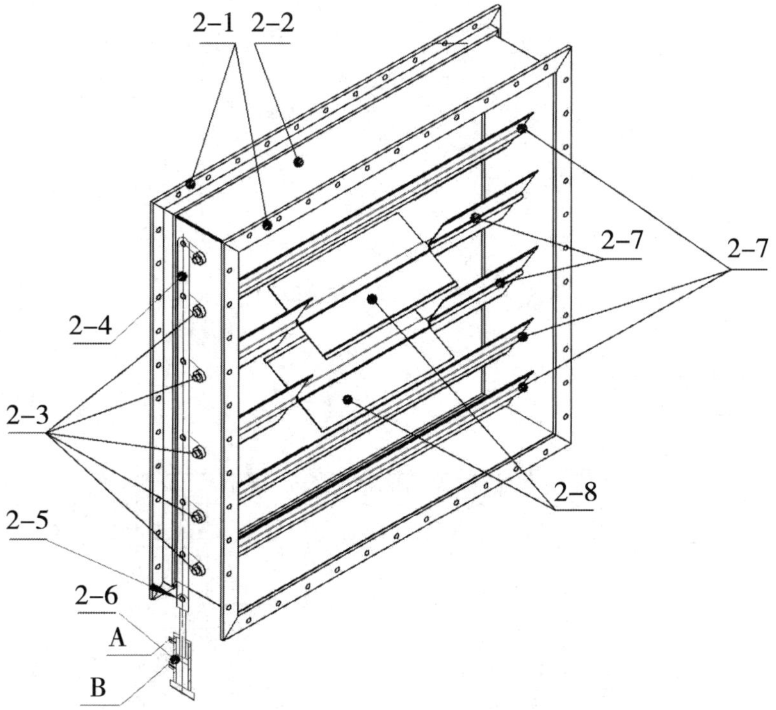

图2-1-4　阀门模块3示意图

图2-1-5是控制系统5示意图。图2-1-5中，双作用油缸2-6，C、D二个接口与控制系统油管相连接，控制箱5-1，通过控制液压系统，来控制阀片开启和关闭，二位四通电磁阀5-2，油箱5-3，油泵5-4。

图2-1-6是催化模块3的主视示意图。图2-1-6中，催化陶瓷块组件3-1，催化模块框架3-2，限位筋板3-3，隔热层3-4，中间是通道，在不对排放气体进行处理时使用。

图2-1-7是催化模块3的A-A剖面示意图。

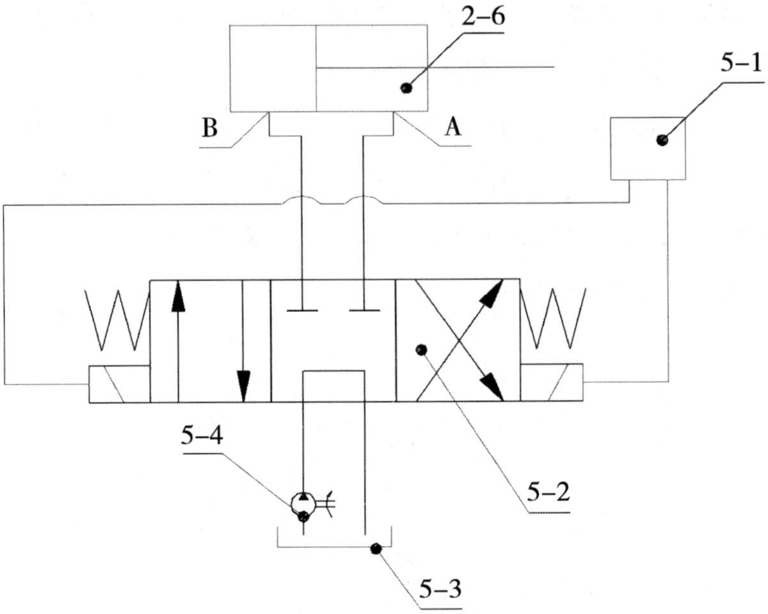

图2-1-5　控制系统5示意图

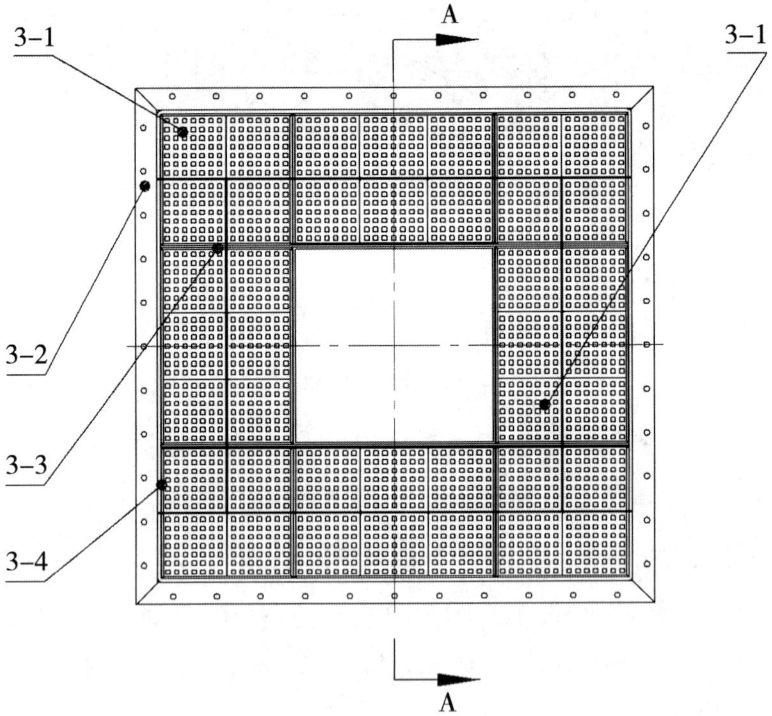

图2-1-6　催化模块3主视示意图

图2-1-7是催化模块3的A-A剖面示意图。图中，催化陶瓷块组件3-1，催化模块框架3-2，限位筋板3-3，中间是通道，在不对排放气体进行处理时使用。

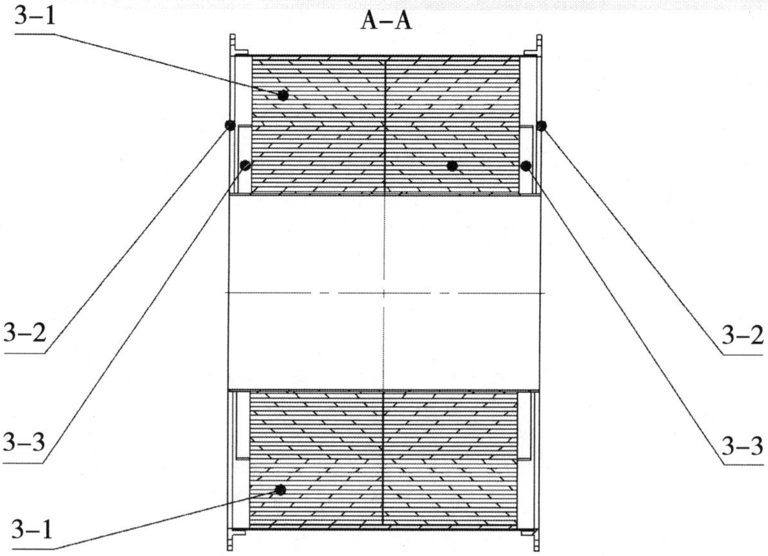

图2–1–7　催化模块3的A–A剖面示意图

图2–1–8是催化模块3的示意图。图2–1–8中，催化陶瓷块组件3–1，催化模块框架3–2，限位筋板3–3，隔热层3–4中间是通道，在不对排放气体进行处理时使用。

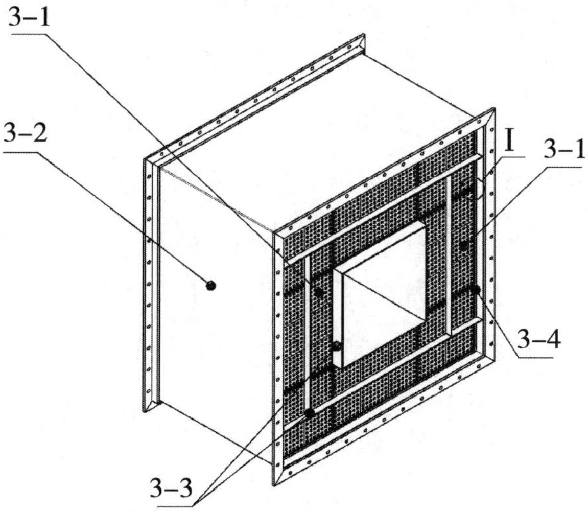

图2–1–8　催化模块3示意图

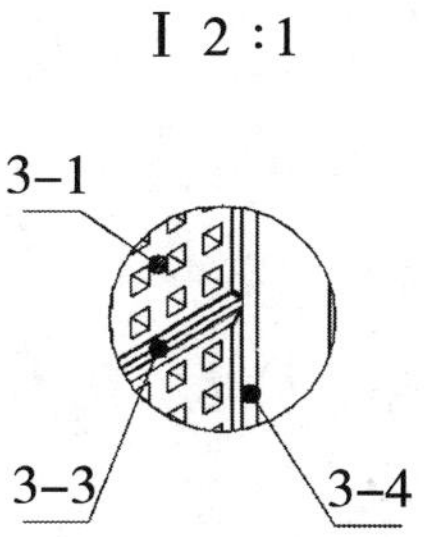

图2–1–9　I部局部放大图

图2–1–9是图2–1–8 I 部局部放大图。图中，催化陶瓷块组件3–1，限位筋板3–3，隔热层3–4。

图2–1–10是出口模块4的结构示意图。

图中，管道法兰4–1，温度传感器座4–2，NO_x传感器座4–3，管道4–4，法兰组件4–5。

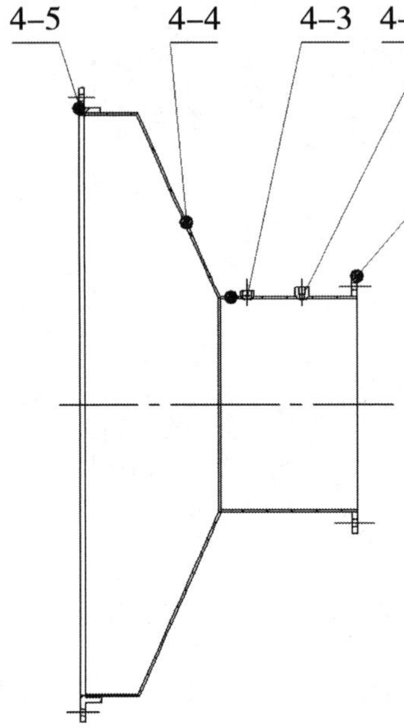

图2–1–10　出口模块4结构示意图

具体实施方式

一种船用柴油机复合排烟式SCR催化器，由进口模块1、阀门模块2、催化模块3、出口模块4和控制系统5组成，用螺栓将进口模块、阀门模块、催化模块、出口模块连接成一体；所述进口模块由导流器1–1、法兰组件1–2、标准套件1–3、尿素喷射口1–4、进口模块外壳1–5、管道法兰1–6、加热管1–7焊接而成，导流器为5个方锥形钣金件焊接而成，使柴油机排出的烟气散开，尿素从尿素喷射口喷入，热空气从加热管进入，对烟气加热至400C° 左右，可使催化处理处于最佳状态；所述阀门模块由法兰组件2–1、外壳2–2、阀片轴2–3、拉板2–4、连接销2–5、双作用油缸2–6组成，双作用油缸A、B二个接口与控制系统油管相连接。

所述催化模块由催化陶瓷块组件3–1、催化模块框架3–2、限位筋板3–3和隔热层3–4组装后焊接而成；所述出口模块是由管道法兰4–1、温度传感器座4–2、NO_x传感器座4–3、管道4–4、法兰组件4–5组装焊接而成，催化陶瓷载体可使活性组分分散在载体表面上，获得较高的比表面积，提高单位质量活性组分的催化效率。

所述控制系统由控制箱5-1、二位四通电磁阀5-2、油箱5-3，油泵5-4组成，C、D二个接口与双作用油缸2-6 C、D二个接口相连接；通过控制液压系统，来控制风门开启和关闭；活塞杆上移时，四周的阀片2-7逐渐打开，中间阀片2-8逐渐关闭，反之，活塞杆下移时，四周的阀片2-7逐渐关闭，中间阀片2-8逐渐打开；即远洋运输船近海岸80海里时，烟气从周边通过，对烟气进行SCR后处理，超过海岸80海里时，烟气从中间通过，不对烟气进行SCR后处理。装配时，要注意调整阀片与外壳贴合，以减少泄风量。

双作用油缸可以更换成双作用气缸或双作用电动缸。处理烟气的原理和过程，与原催化消声器的原理和过程相同。

一种船用柴油机复合排烟式SCR催化器说明书摘要

一种船用柴油机复合排烟式SCR催化器，由进口模块、阀门模块、催化模块、出口模块和控制系统组成，用螺栓将进口模块、阀门模块、催化模块、出口模块连接成一体；进口模块由导流器、法兰组件、标准套件、尿素喷射口、进口模块外壳 、管道法兰、加热管焊接而成，导流器为5个方锥形钣金件焊接而成；阀门模块由法兰组件、外壳、阀片轴、拉板、连接销、双作用油缸组成，双作用油缸C、D二个接口与控制系统油管相连接；催化模块由催化陶瓷块组件、催化模块框架、限位筋板和隔热层组装后焊接而成；出口模块由管道法兰、温度传感器座、NO_x传感器座、管道、法兰组件组装焊接而成；控制系统由控制箱、二位四通电磁阀、油箱、油泵组成，通过控制液压系统，来控制阀门开启和关闭。摘要附图请见图2-1-1。

2.2 一种船用柴油机模块式SCR催化器（201821031723.8）

一种船用柴油机模块式SCR催化器权利要求书

一种船用柴油机模块式SCR催化器，由进口模块1、连接风管2、催化模块3和出口模块4组成，平面连接处垫密封垫后，用螺栓连接成一体；所述进口模块由导流器1-1、法兰组件1-2、标准套件1-3、尿素喷射口1-4、进口模块外壳1-5、管道法兰1-6、加热管1-7焊接而成；所述连接风管由法兰组件2-1和风管外壳2-2焊接而成；所述催化模块由催化陶瓷块组件3-1、催化模块框架3-2、限位筋板3-3和隔热层3-4组装后焊接而成；所述出口模块由管道法兰4-1、温度传感器座4-2、NO_x传感器座4-3、管道4-4、法兰组件4-5焊接而成。

一种船用柴油机模块式SCR催化器说明书

技术领域

本实用新型涉及环保技术领域，特别涉及船用柴油机尾气减排技术领域。

背景技术

在MARPOL国际公约附则Ⅵ中规定，2016年1月1日以后建造的船舶，在排放控制区，柴油机尾气排放，必须达到Tier Ⅲ排放标准规定，Tier Ⅲ标准中NO_x的排放比Tier Ⅱ标准降低了76.4%，制造新船时，柴油机的排放达标势在必行。催化还原技术（SCR），是对柴油机尾气排放中氮氧化物（NO_x）进行处理的一项工艺，即在催化剂的作用下，喷入还原剂氨或尿素，把尾气中的NO_x还原成N_2和H_2O，从而减少NO_x的排放。传统的催化器采用整体式，维修困难，常因催化器维修，延误了船舶航运，给船主造成直接经济损失。

发明内容

该催化器采用模块式安装，维修方便。在更换催化剂载体时，无须整体拆装，只要将需要更换的部分拆开更换，大大缩短了维修时间。

一种船用柴油机模块式SCR催化器，由进口模块、连接风管、催化模块和出口模块组成，平面连接处垫密封垫后，用螺栓连接成一体；所述进口模块由导流器、法兰组件、标准套件、尿素喷射口、进口模块外壳、管道法兰、加热管焊接而成；所述连接风管由法兰组件和风管外壳焊接而成；所述催化模块由催化陶瓷块组件、催化模块框架、限位筋板和隔热层组装后焊接而成；所述出口模块由管道法兰、温度传感器座、NO_x传感器座、管道、法兰组件焊接而成。

附图说明

图2-2-1是一种船用柴油机模块式SCR催化器的结构示意图。图中，进口模块1，连接风管2，催化模块3载体可使活性组分分散在载体表面上，获得较高的比表面积，提高单位质量活性组分的催化效率，出口模块4，A表示气流方向。

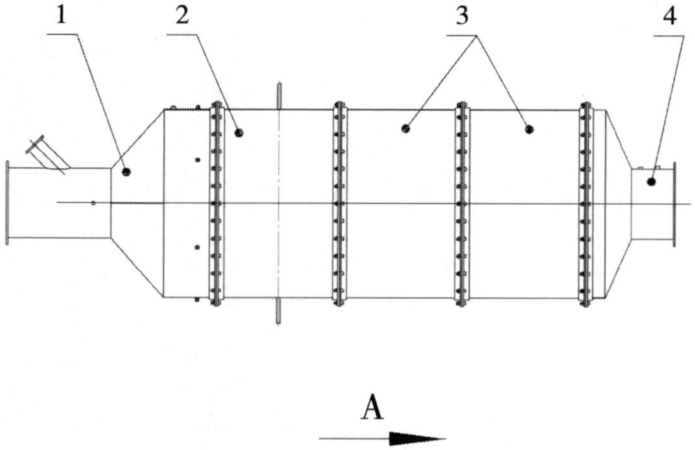

图2-2-1　一种船用柴油机模块式SCR催化器结构示意图

图2-2-2是进口模块1的结构示意图。图中，导流器1-1，法兰组件1-2，标准套件1-3，尿素喷射口1-4，进口模块外壳1-5，管道法兰1-6，加热管1-7。

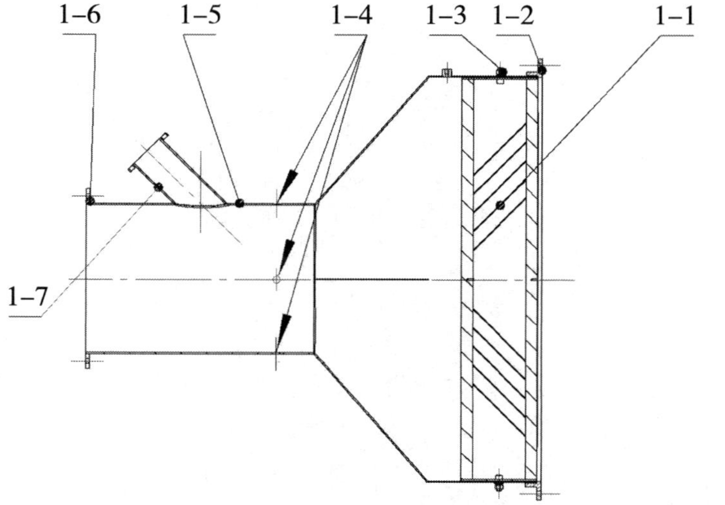

图2-2-2　进口模块1结构示意图

图2-2-3是连接风管2的结构示意图。图2-2-3中，法兰组件2-1，风管外壳2-2。

图2-2-4是催化模块3的主视示意图。图2-2-4中，催化陶瓷块组件3-1，催化模块框架3-2，限位筋板3-3，隔热层3-4。

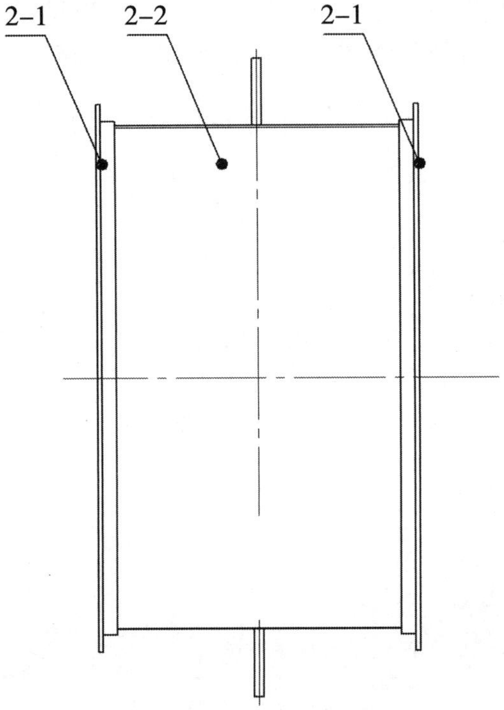

图2-2-3　连接风管2结构示意图

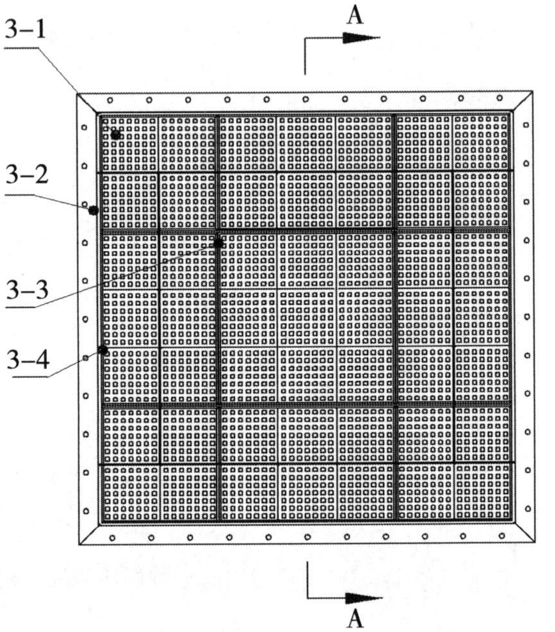

图2-2-4　催化模块3主视示意图

图2-2-5是催化模块3的A-A剖面示意图。

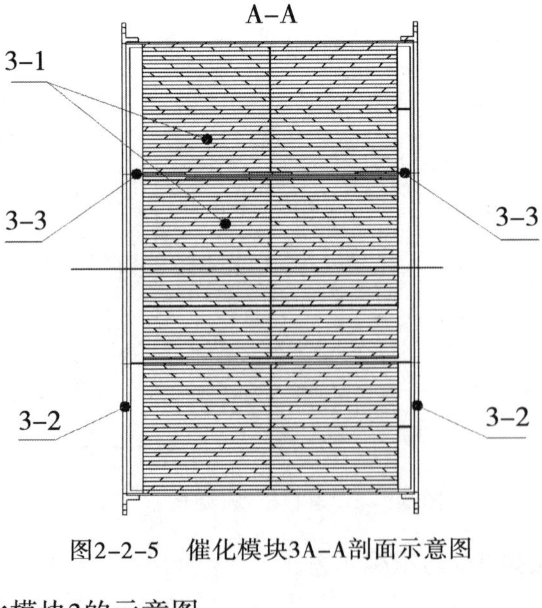

图2-2-5　催化模块3A-A剖面示意图

图2-2-6是催化模块3的示意图。

图2-2-7是图2-2-6 Ⅰ部局部放大图。

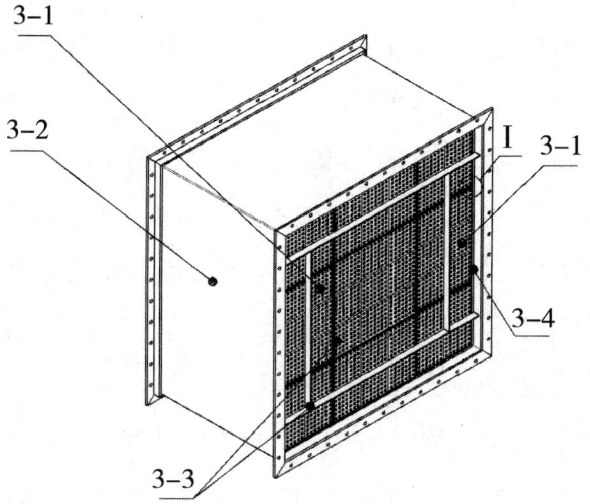

图2-2-6　催化模块3示意图

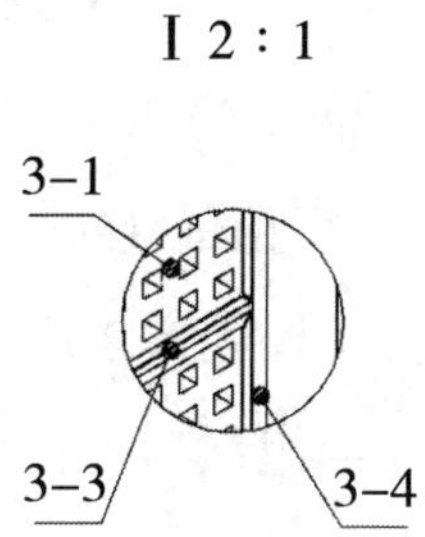

图2-2-7　Ⅰ部局部放大图

图2-2-8是出口模块4的结构示意图。图中，管道法兰4-1，温度传感器座4-2，NO_x传感器座4-3，管道4-4，法兰组件4-5。

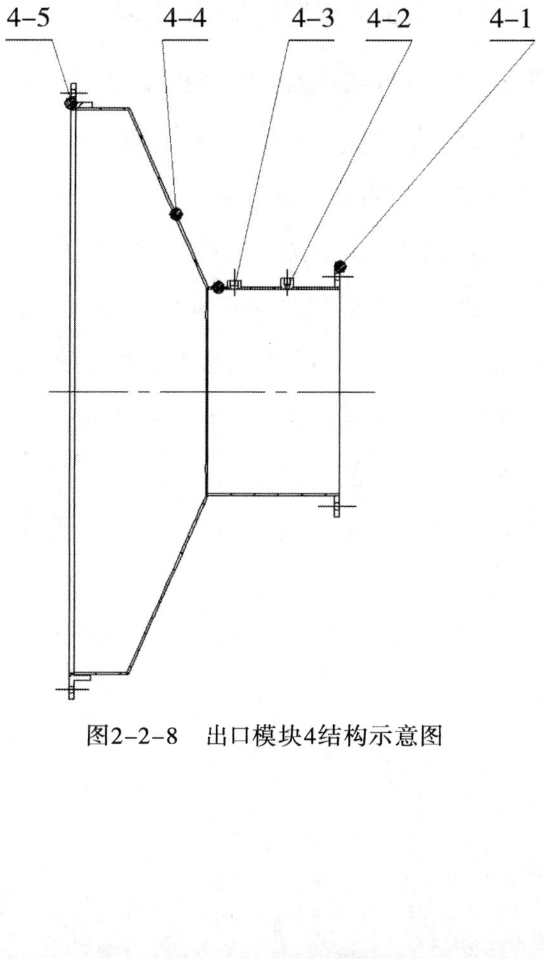

图2-2-8　出口模块4结构示意图

具体实施方式

一种船用柴油机模块式SCR催化器，由进口模块1、连接风管2、催化模块3和出口模块4组成，连接处垫密封垫后，用螺栓连接成一体；所述进口模块由导流器1-1、法兰组件1-2、标准套件1-3、尿素喷射口1-4、进口模块外壳1-5、管道法兰1-6、加热管1-7焊接而成，导流器为5个方锥形钣金件，使柴油机排出的烟气散开，尿素从尿素喷射口喷入，热空气从加热管进入，对烟气加热至400℃左右，可使催化处理处于最佳状态；烟气加热后经过连接风管，通向催化模块3，所述催化模块由催化陶瓷块组件3-1、催化模块框架3-2、限位筋板3-3和隔热层3-4组装后焊接而成，催化陶瓷载体可使活性组分分散在载体表面上，获得较高的比表面积，提高单位质量活性组分的催化效率；所述出口模块由管道法兰4-1、温度传感器座4-2、NO_x传感器座4-3、管道4-4、法兰组件4-5焊接而成；催化陶瓷块需要经常更换，采用模块式设计，大大方便了安装和维修，在更换催化陶瓷块组件载体时，无须整体拆装，只需将更换部分拆开更换，大大缩短了维修时间，处理烟气的原理和过程，与原催化消声器的原理和过程相同。

一种船用柴油机模块式SCR催化器说明书摘要

一种船用柴油机模块式SCR催化器，由进口模块、连接风管、催化模块和出口模块组成，连接处垫密封垫后，用螺栓连接成一体；所述进口模块由导流器、法兰组件、标准套件、尿素喷射口、进口模块外壳、管道法兰、加热管焊接而成，导流器为5个方锥形钣金件， 使柴油机排出的烟气散开，尿素从尿素喷射口喷入，热空气从加热管进入，对烟气加热至400℃左右，可使催化处理处于最佳状态；烟气加热后经过连接风管，通向催化模块，所述催化模块由催化陶瓷块组件、催化模块框架、限位筋板和隔热层组装后焊接而成；所述出口模块由管道法兰、温度传感器座、NO_x传感器座、管道、法兰组件焊接而成；催化陶瓷块需要经常更换，采用模块式设计，大大方便了安装和维修。摘要附图请见图2-2-1。

2.3 一种船用柴油机复合式排烟用风门控制装置（201820324005.3）

一种船用柴油机复合式排烟用风门控制装置权利要求书

一种船用柴油机复合式排烟用风门控制装置，由远距离激光测距仪1、控制箱2、工作装置3和风门组件4组成。其特征是，远距离激光测距仪由发射望远镜1-1、激光器1-2、控制开关1-3、接收望远镜1-4、光电探测器1-5、放大器1-6、检测器1-7组成；所述控制箱是将距离信号转变为数字信号；所述工作装置由油泵3-1、油箱3-2、二位四通电磁阀3-3和双作用油缸3-4组成；所述风门组件由法兰组件4-1、外壳4-2、风门轴4-3、拉板4-4、连接销4-5、周边风门4-6和中间风门4-7组成，远距离激光测距仪测得的距离信号经过控制箱转变为数字信号，通过控制二位四通电磁阀控制双作用油缸升降，从而控制风门开启或关闭。

一种船用柴油机复合式排烟用风门控制装置说明书

技术领域

本实用新型涉及环保技术领域，特别涉及船用柴油机减排控制技术领域。

背景技术

催化还原技术（SCR），是针对柴油机尾气排放中氮氧化物（NO_x）进行处理的一项工艺，即在催化剂的作用下，喷入还原剂氨或尿素，把尾气中的NO_x还原成N_2和H_2O，从而减少NO_x的排放。国际法则规定，远洋运输船在近海岸80海里，必须启动SCR后处理装置。为了节约开支，减少运营成本，运营商都是在无规定的海域，停止使用SCR系统，用风门开启或关闭，来完成SCR后处理的启用或停用，用人工控制比较麻烦，因此设计了风门控制装置。

发明内容

一种船用柴油机复合式排烟用风门控制装置，由远距离激光测距仪、控制箱、工作装置和风门组件组成，其特征是，远距离激光测距仪由发射望远镜、激光器、控制开关、接收望远镜、光电探测器、放大器、检测器组成；所述控制箱是将距离信号转变为数字信号；所述工作装置由油泵、油箱、二位四通电磁阀和双作用油缸组成；所述风门组件由法兰组件、外壳、风门轴、拉板、连接销、周边风门和中间风门组成，远距离激光测距仪测得的距离信号经过控制箱转变为数字信号，通过控制二位四通电磁阀控制双作用油缸升降，从而控制风门开启或关闭。

附图说明

图2-3-1是一种船用柴油机复合式排烟用风门控制装置控制原理图。图中，远距离激光测距仪1，控制箱2，工作装置3，风门组件4。

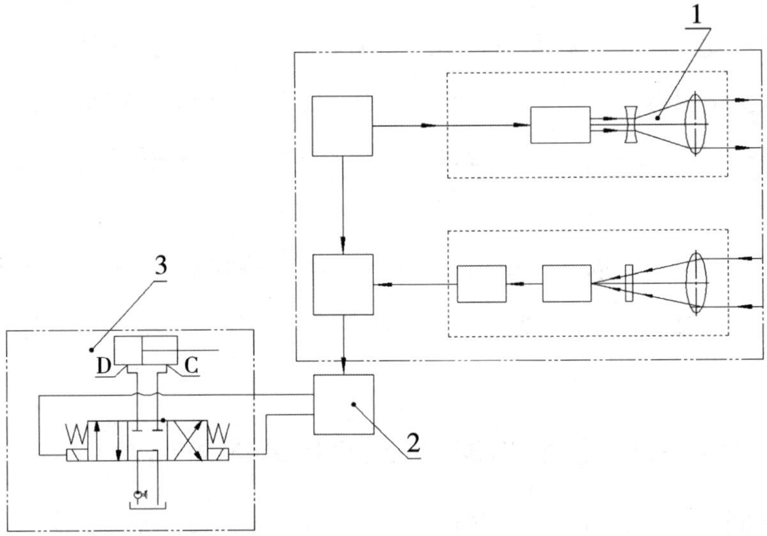

图2-3-1　风门控制装置控制原理图

图2-3-2是风门组件4的示意图。图中，法兰组件4-1，外壳4-2，风门轴

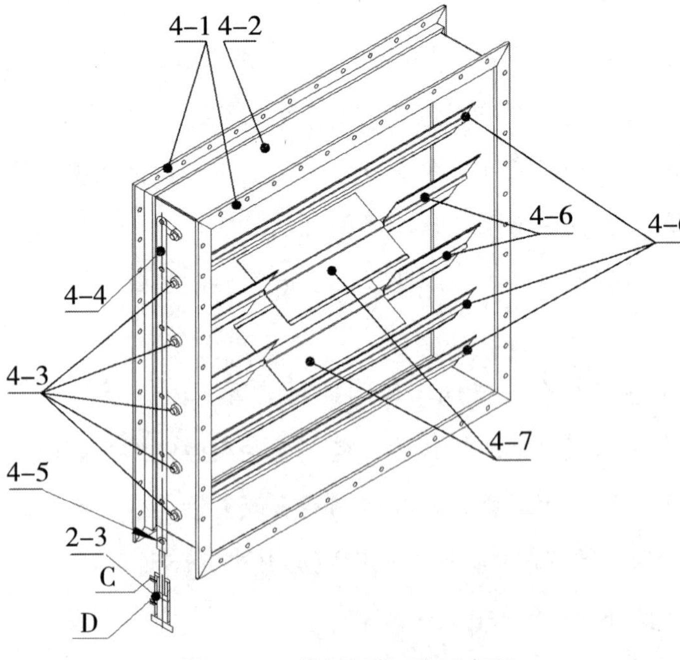

图2-3-2　风门组件4的示意图

4-3，拉板4-4，连接销4-5，周边风门4-6，中间风门4-7，周边风门和中间风门焊接在风门轴上，双作用油缸2-3，C、D二个接口与控制系统油管相连接，活塞杆上移时，周边风门4-6逐渐打开，中间风门4-7逐渐关闭，反之，活塞杆下移时，周边风门4-6逐渐关闭，中间风门4-7逐渐打开。

图2-3-3是工作装置3示意图。图中，油泵3-1，油箱3-2，二位四通电磁阀3-3，双作用油缸3-4，二个油管接口。

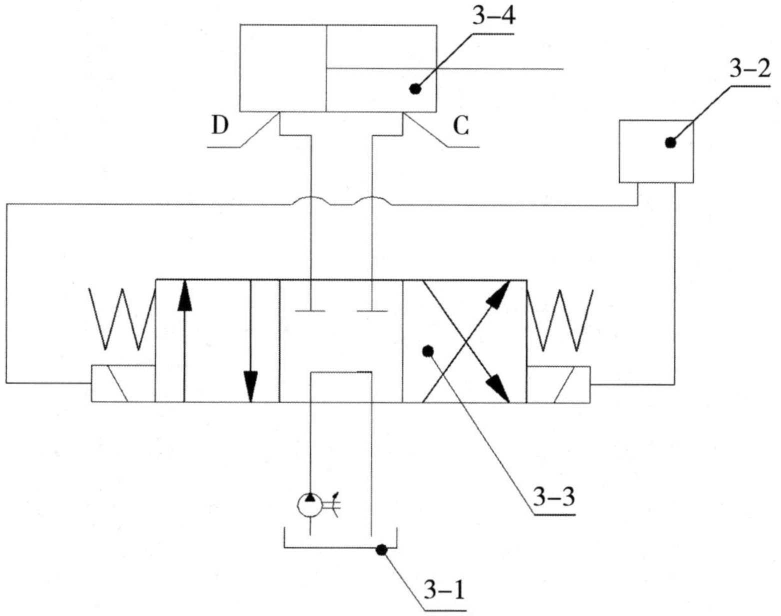

图2-3-3　工作装置3示意图

图2-3-4是远距离激光测距仪1工作示意图。图中，发射望远镜1-1，激光器1-2，控制开关1-3，接收望远镜1-4，光电探测器1-5，放大器1-6，检测器1-7，控制箱2。

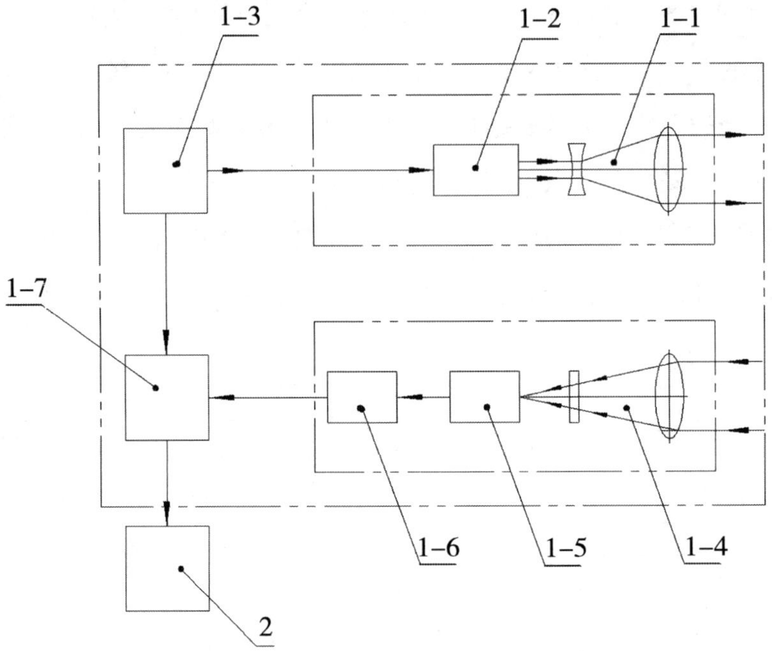

图2-3-4　远距离激光测距仪Ⅰ工作示意图

具体实施方式

一种船用柴油机复合式排烟用风门控制装置，由远距离激光测距仪1、控制箱2、工作装置3和风门组件4组成，所述远距离激光测距仪由发射望远镜、激光器、控制开关、接收望远镜、光电探测器、放大器、检测器组成；所述控制箱是将距离信号转变为数字信号；所述工作装置由油泵、油箱、二位四通电磁阀和双作用油缸组成；所述风门组件由法兰组件、外壳、风门轴、拉板、连接销、周边风门和中间风门组成，远距离激光测距仪测得的距离信号经过控制箱转变为数字信号，控制二位四通电磁阀，二位四通电磁阀C、D二个接口与双作用油缸二个接口相连接；通过控制液压系统，来控制风门开启和关闭；活塞杆上移时，周边风门逐渐打开，中间风门逐渐关闭，反之，活塞杆下移时，周边风门逐渐关闭，中间风门逐渐打开，即远洋运输船近海岸80海里时，烟气从周边通过，对烟气进行SCR处理后，超过海岸80海里时，烟气从中间通过，不对烟气进行SCR后处理。

一种船用柴油机复合式排烟用风门控制装置说明书摘要

一种船用柴油机复合式排烟用风门控制装置，由远距离激光测距仪、控制箱、工作装置和风门组件组成，远距离激光测距仪由发射望远镜、激光器、控制开关、接收望远镜、光电探测器、放大器、检测器组成；控制箱是将距离信号转变为数字信号；工作装置由油泵、油箱、二位四通电磁阀和双作用油缸组成；所述风门组件由法兰组件、外壳、风门轴、拉板、连接销、周边风门和中间风门组成，远距离激光测距仪测得的距离信号经过控制箱转变为数字信号，控制二位四通电磁阀，二位四通电磁阀二个接口与双作用油缸二个接口相连接；通过控制液压系统，来控制风门开启和关闭。摘要附图请见图2-3-1。

2.4 一种连续型蓄热式换热器(201721371372.0)

一种连续型蓄热式换热器权利要求书

一种连续型蓄热式换热器，由阀杆组件1、壳体2、中心轴3、蓄热体4、控制箱5、调速电机6、凸轮控制装置7组成，其特征在于，圆柱形的蓄热体被隔板均匀分隔成互不相通的9个扇形区，下方的旋转凸轮控制阀杆组件的上升和下降，从而控制阀门的开启和关闭；阀杆组件下面的滚珠在凸轮平面滚动，阀杆组件滚珠在凸轮凸起部分0° ~120° 滚动时，阀杆组件处于高位，在120° ~160° 滚动时，为阀杆组件下降过渡区，在160° ~320° 滚动时，为平滑部分时，阀杆组件处于低位，在320° ~360° 滚动时，为阀杆组件上升过渡区；凸轮在旋转时始终保持有3个阀杆组件处于顶起状态，4个处于放下状态，2个处于切换状态。高温烟气从上部通过换向阀组进入蓄热体，对蓄热体加热后通过下部换向阀从下部的环形腔导出，低温空气从下部换向阀组进入蓄热体，蓄热体对空气加热，热空气通过上部换向阀组，从上部的环形腔导出；控制箱通过控制电机的转速来控制换向阀的开启频率，通过调整挡圈位置来调整弹簧对锥体的压力，从而调整阀门的密封性，阀杆与壳体上孔配合的部分装有密封圈防泄漏。

一种连续型蓄热式换热器说明书

技术领域

本实用新型涉及环境保护技术领域，特别涉及余热利用技术领域。

背景技术

随着工业化进程加速，人们通过消耗越来越多的原材料和能源，来满足生产和生活需要，人类所赖以生存的环境正在被破坏，保护环境、节约能源已经成为人们最紧迫的课题。人们已在多个领域使用AB型蓄热式换热器来回收余热，AB型蓄热燃烧技术存在以下不足：①蓄热室与燃烧器必须成对配置；②蓄热室在换向时，存在容积效应，造成了能量和燃料的浪费；③换向阀在蓄热系统对于空气和烟气换向的同时，燃烧系统也进行换向，增加了不安全的因素；④由于频繁的换向引起燃烧波动，引起压力场波动。最近，人们又研发了一种旋转型蓄热器来替代AB型换热器，该蓄热器固定烟气、空气的进气方向，通过旋转蓄热体，解决了烟气空气的不连续性。但由于蓄热体自重较大，转子的外缘的挠度大，尤其因在工作状态下的冷热端温差而呈蘑菇形，使转子外缘的间隙增大而造成漏气，缩短了使用寿命。为了克服上述设备的缺点，我们研发了一种连续型蓄热式换热器，不仅将余热充分利用，而且使设备的寿命和可靠性大大提高。

发明内容

本实用新型一种连续型蓄热式换热器，其最大的特点是蓄热体本身不旋转，蓄热体四周壳体孔中安装有阀杆组件，阀杆组件上、下各装有2组4件锥体，用挡圈调整位置，用弹簧调整压力，壳体中的4块钢板有均匀分布的锥孔，壳体钢板上的锥孔与阀杆组件上的锥体配合，形成换向阀，通过旋转凸轮推动阀杆组件作周期性的升降，起到了时序换向阀的作用，达到旋转换热的目的，设备运行时稳定性好，并解决了旋转型蓄热器漏气问题。

一种连续型蓄热式换热器由阀杆组件、壳体、中心轴、蓄热体、控制箱、调速电机、凸轮控制装置组成，其特征在于，圆柱形的蓄热体被隔板均匀分隔成互不相通的9个扇形区，下方的旋转凸轮控制阀杆组件的上升和下降，从而控制阀门的开启和关闭；阀杆组件下面的滚珠在凸轮平面滚动，阀杆组件滚珠在凸轮凸起部分0°～120°滚动时，阀杆组件处于高位，在120°～160°滚动时，为阀杆组件下降过渡区，在160°～320°滚动时，为平滑部分时，阀杆组件处于低位，在320°～360°滚动时，为阀杆组件上升过渡区；凸轮在旋转时始终保持有3个阀杆组件处于顶起状态，4个处于放下状态，2个处于切换状态。高温烟气从上部通过换向阀组进入蓄热体，对蓄热体加热后通过下部换向阀从下部的环形腔导出，低温空气从下部换向阀组进入蓄热体，蓄热体对空气加热，热空气通过上部换向阀组，从上部的环形腔导出；控制箱通过控制电机的转速来控制换向阀的开启频率，通过调整挡圈位置来调整弹簧对锥体的压力，从而调整阀门的密封性，阀杆与壳体上孔配合的部分装有密封圈防泄漏。

附图说明

图2-4-1是本实用新型主视示意图。

图中，阀杆组件1，壳体2，中心轴3，蓄热体4，控制箱5，调速电机6，凸轮控制装置7，高温烟气进口A1，低温烟气出口A2，低温空气进口B1，高温空气出口B2，烟气流向为A，空气流向为B；高温烟气A+从高温烟气进口A1流入，通过蓄热体4吸热，变成低温烟气A-，从低温烟气出口A2流出；低温空气B-从低温空气进口B1流入，通过蓄热体4加热，变成高温空气B+，从高温空气出口B2流出。

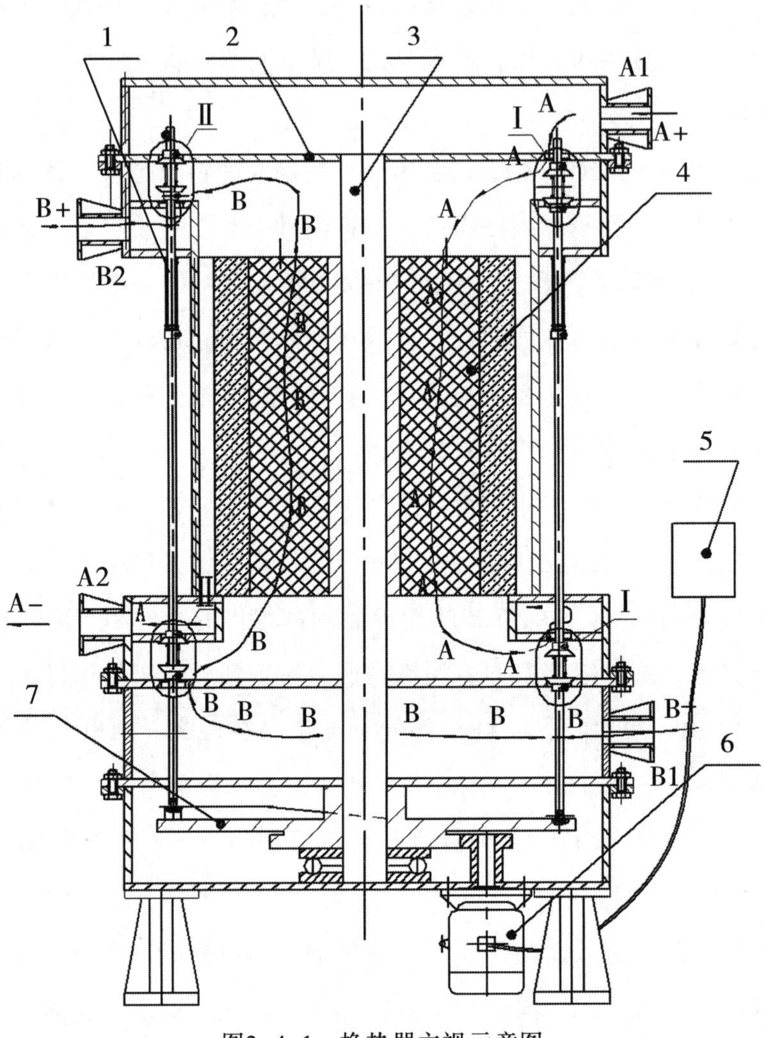

图2-4-1　换热器主视示意图

图2-4-2是本实用新型中壳体2的剖面示意图，壳体2是由4个焊接件用螺栓连接而成，连接处平面垫有密封垫。

（1）壳体上部2-1，是一个扁圆柱形壳体，右侧焊有高温烟气进口A1，下部中间有中心孔，并均匀分布9个孔2-1-1，孔下部有锥面，与阀杆上的锥体组成控制阀。

（2）壳体中部2-2为圆柱形钢板焊接结构，蓄热体支承板2-2-1，均匀分布的9块蓄热体隔板2-2-2，上部环形腔2-2-3，下部环形腔2-2-4，均匀分布的9块下隔板2-2-5，上部环形腔和下部环形腔上、下板上，各均匀分布9个导向孔或带内锥的孔，带内锥的孔与阀杆上的锥体组成控制阀；左面焊有高温空气出口B2。

（3）壳体下部2-3为扁圆柱形壳体，由钢板焊接而成，上部板均匀分布有9个带内锥的孔，与阀杆上的锥体组成控制阀；下部板上均匀分布有9个导向孔，中间有轴孔，右面焊有低温空气进口B1。

（4）壳体底部2-4为扁圆柱形壳体，由钢板焊接而成，下部板调速电机安装用孔，下部焊有4个支脚2-4-2。

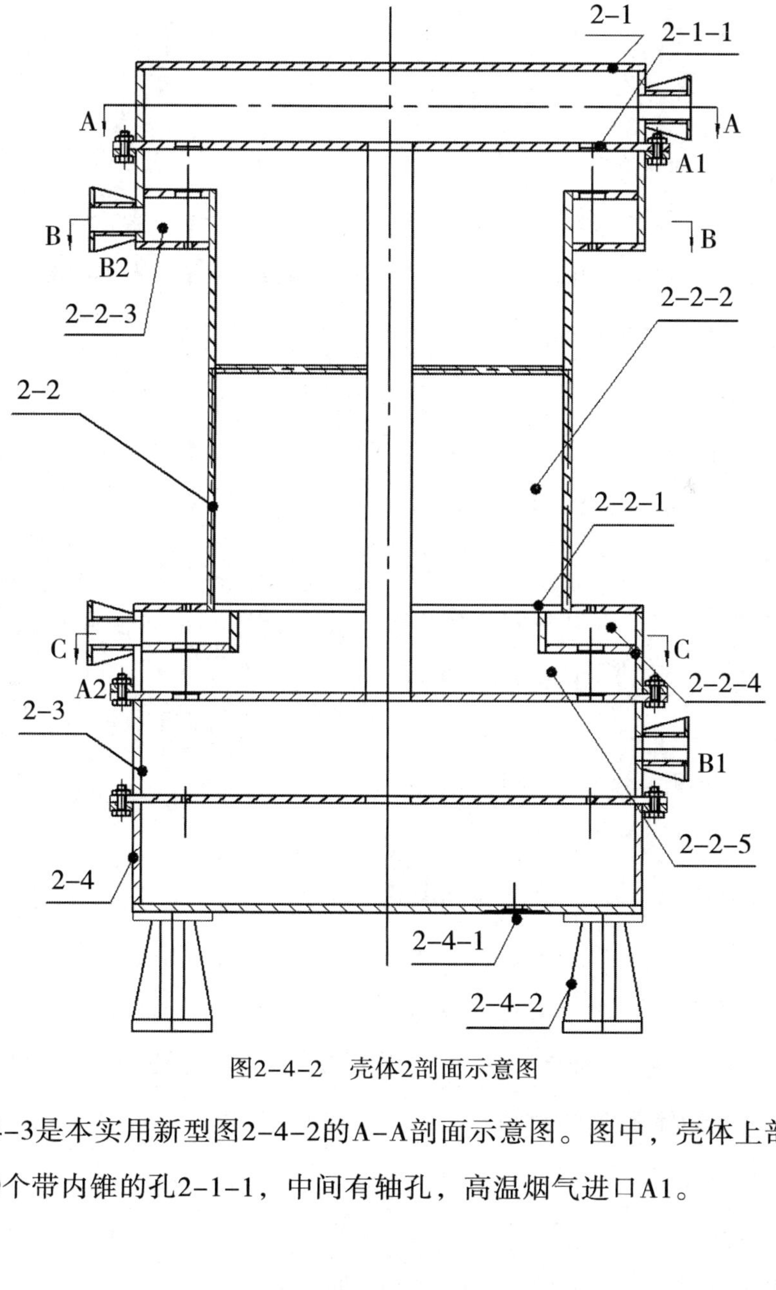

图2-4-2　壳体2剖面示意图

图2-4-3是本实用新型图2-4-2的A-A剖面示意图。图中，壳体上部2-1，均匀分布有9个带内锥的孔2-1-1，中间有轴孔，高温烟气进口A1。

图2-4-4是本实用新型中壳体2的B-B剖面示意图。图中，壳体中部2-2，9个均匀分布的蓄热体支承板2-2-1，9个均匀分布的蓄热体隔板2-2-2，上部环形腔2-2-3，高温空气出口B2。

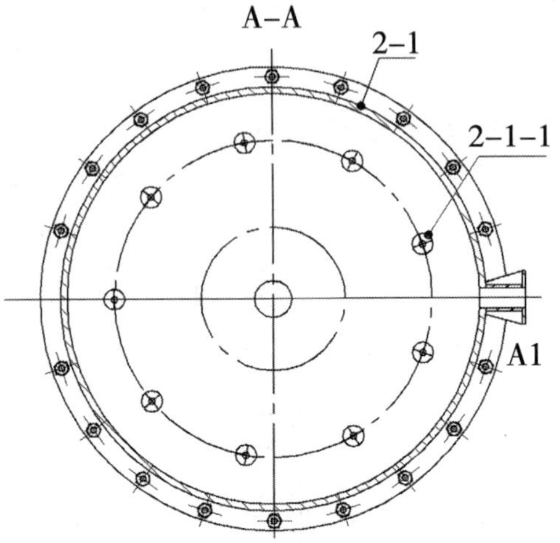

图2-4-3　壳体2A-A剖面示意图

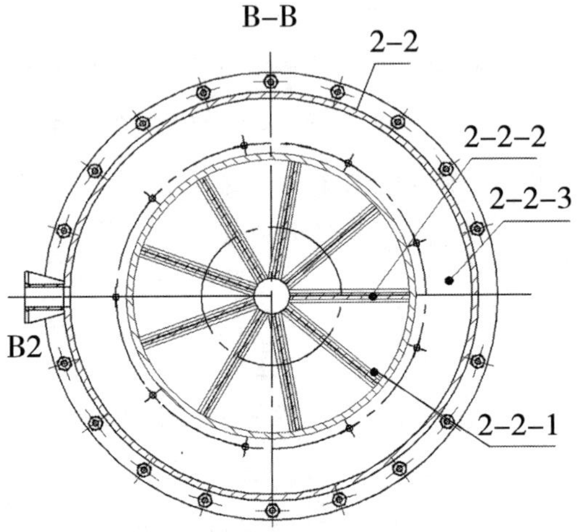

图2-4-4　壳体2B-B剖面示意图

图2-4-5是本实用新型中壳体2的C-C剖面示意图。

图中，壳体中部2-2，9个均匀分布的蓄热体支承板2-2-1，9个均匀分布的蓄热体隔板2-2-2，下部环形腔2-2-4，板上有9个均匀分布的带锥度的孔，均匀分布的9块下隔板2-2-5，低温空气进口B1。

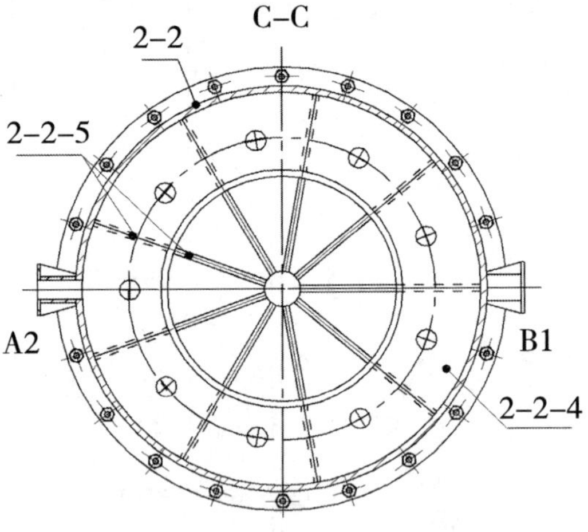

图2-4-5　壳体2C-C剖面示意图

图2-4-6是图2-4-1中的阀杆组件1的示意图。图中，阀杆1-1，阀心组件1-2，压缩弹簧1-3，压缩弹簧挡圈1-4，钢球1-5。

图2-4-7是图2-4-6中的Ⅰ部分放大图。图中，阀杆1-1，锥体挡圈1-2-1，锥体1-2-2，锥体压缩弹簧1-2-3，壳体上的2块钢板上锥孔与阀杆组件1上的2个锥体组成控制阀。

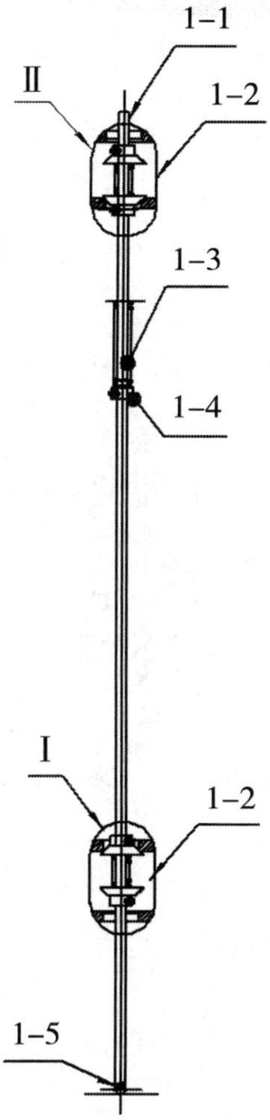

图2-4-6　阀杆组件1示意图

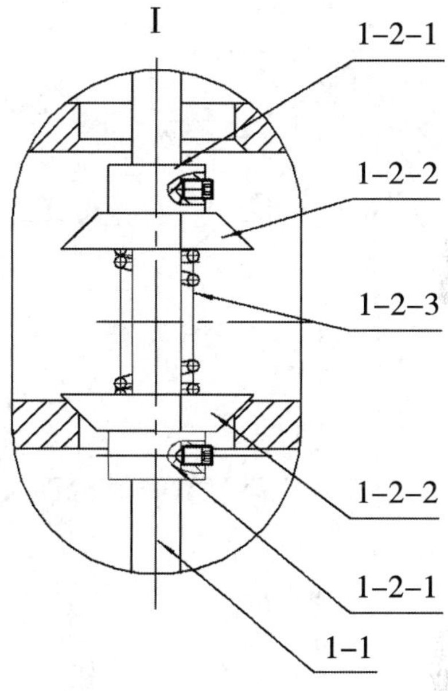

图2-4-7　Ⅰ部分放大图

图2-4-8是图2-4-6中的Ⅱ部分放大图。图中，阀杆1-1，锥体挡圈1-2-1，锥体1-2-2，锥体压缩弹簧1-2-3，壳体上的2块钢板上锥孔与阀杆组件1的2个锥体组成控制阀。

图2-4-9是图2-4-6中的Ⅲ部分放大图。图中，阀杆1-1，滚珠1-5，凸轮7-1。

图2-4-10是本实用新型件7的示意图。

图中，凸轮7-1，凸轮下面连有齿轮，空套在中心轴上；电机齿轮7-2套在电机上，电机转动带动齿轮转动，从而带动凸轮7-1转动。

图2-4-11是本实用新型件7-1中的俯视示意图。图中，0°～120°为凸起部分，120°～160°为下降部分，160°～320°为平滑部分，320°～360°为上

升部分。

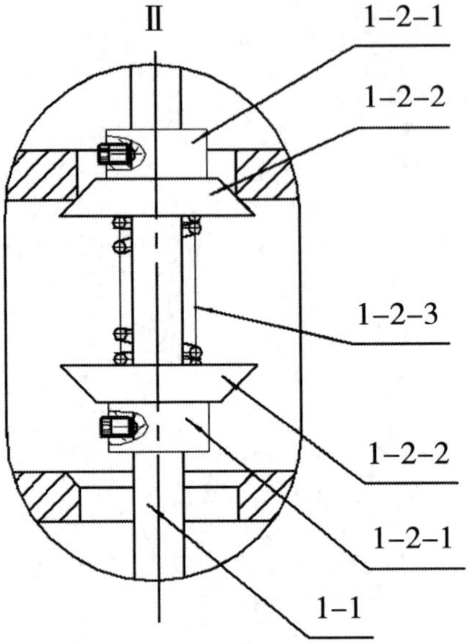

图2-4-8　Ⅱ部分放大图

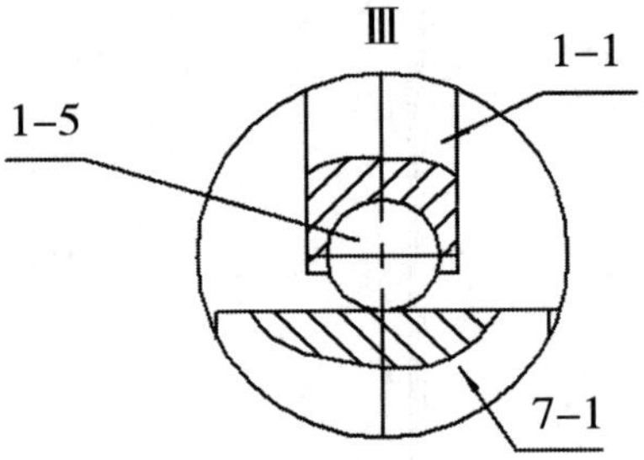

图2-4-9　Ⅲ部分放大图

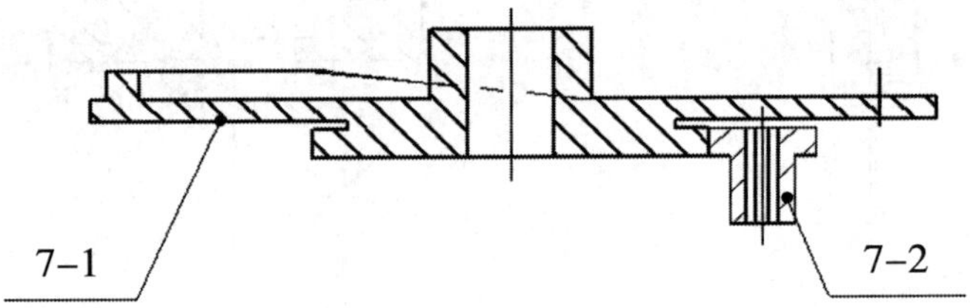

图2-4-10　件7示意图

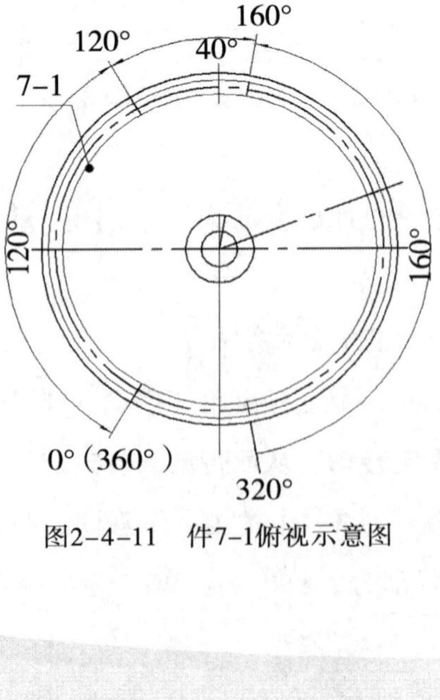

图2-4-11　件7-1俯视示意图

图2-4-12是本实用新型7-1中的上部的展开示意图。图中，0° ~120° 为凸起部分，120° ~160° 为下降部分，160° ~320° 为平滑部分，320° ~360° 为上升部分。

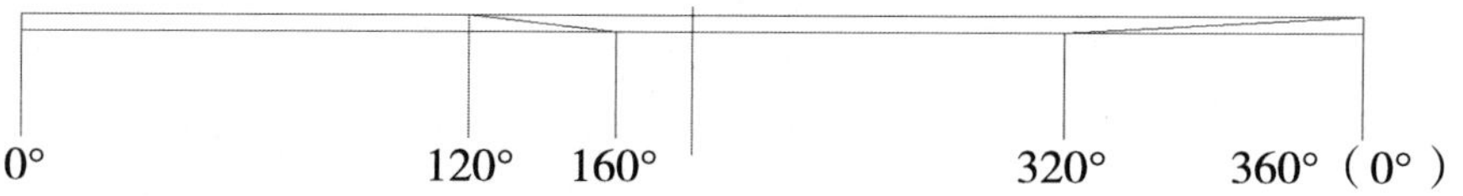

图2-4-12　7-1上部展开示意图

具体实施方式

一种连续型蓄热式换热器由阀杆组件1、壳体2、中心轴3、蓄热体4、控制箱5、调速电机6、凸轮控制装置7组成，圆柱形的蓄热体被蓄热体隔板2-2-2，均匀分隔成互不相通的9个扇形区，下方的旋转凸轮7-1控制阀杆组件1的上升和下降，从而控制阀门的开启和关闭；阀杆组件下面的滚珠1-5在凸轮平面滚动，阀杆组件滚珠在凸轮凸起部分0° ~120° 滚动时，阀杆组件处于高位，在120° ~160° 时，为阀杆组件下降过渡区，在160° ~320° 时，为平滑部分时，阀杆组件处于低位，在320° ~360° 时为阀杆组件上升过渡区；凸轮在旋转时始终保持有3个阀杆组件处于顶起状态，4个处于放下状态，2个处于切换状态。高温烟气A+从上部未顶起的阀杆组件处的阀孔，进入蓄热体，对蓄热体加热后变为低温烟气A-，通过下部阀孔进入环形腔导出；低温空气B-从被顶起的阀杆组件处的阀孔进入蓄热体，蓄热体对空气加热，热空气B+通过上部阀孔，从上部的环形腔导出；控制箱6通过控制电机的转速来控制换向阀的开启频率，通过调整挡圈位置来调整弹簧对锥体的压力，从而调整控制阀的密封性，阀杆1-1与壳体上孔配合的部分装有密封圈防泄漏。

一种连续型蓄热式换热器说明书摘要

一种连续型蓄热式换热器，由阀杆组件、壳体、中心轴、蓄热体、控制箱、调速电机、凸轮控制装置组成，圆柱形的蓄热体被蓄热体隔板，均匀分隔成互不相通的9个扇形区，下方的旋转凸轮控制阀杆组件的上升和下降，从而控制阀门的开启和关闭；高温烟气A+从上部未顶起的阀杆组件处的阀孔，进入蓄热体，对蓄热体加热后变为低温烟气A-，通过下部阀孔进入环形腔导出；低温空气B-从被顶起的阀杆组件处的阀孔进入蓄热体，蓄热体对空气加热，热空气B+通过上部阀孔，从上部的环形腔导出；控制箱通过控制电机的转速来控制换向阀的开启频率，通过调整挡圈位置来调整弹簧对锥体的压力，从而调整控制阀的密封性，阀杆与壳体上孔配合的部分装有密封圈防泄漏。摘要附图请见图2-4-1。

2.5 一种用超声波清洗的换热器（201820324126.8）

一种用超声波清洗的换热器权利要求书

一种用超声波清洗的换热器，由排气法兰1、壳体2、热交换组件3、进气法兰4、支架5、加热元件6、超声波发生装置7、控制系统8组成，其特征在于，所述热交换组件由大齿轮3-1、圆锥轴承3-2、圆螺母3-3、电机3-4、小齿轮3-5、左支架3-6、热交换器翅片组件3-7、右支架3-8、中心轴3-9、翅片骨架3-10组成并装配成一体，换器翅片组件表面发生污垢后，启动控制系统，加入水，用加热器将水加热，启动超声波发生装置和电机，电机转动通过齿轮带动热交换组件缓慢转动，超声波发生装置产生的超声波对换器翅片组件表面产生的污垢进行热清洗。

一种用超声波清洗的换热器说明书

技术领域

本发明涉及环境保护技术领域，特别涉及余热利用技术领域。

背景技术

随着工业化进程加速，人们通过消耗越来越多的原材料和能源，来满足生产和生活需要，人类所赖以生存的环境正在被破坏，保护环境、节约能源已经成为人们最紧迫的课题，人们已在多个领域使用换热器来回收余热，换热器在使用中会产生如结焦、油污垢、水垢、沉积物、腐蚀产物、聚合物等污垢，产生的这些污垢会使设备失效，特别严重时还会使流程中断，装置系统被迫停产，换热器的自清洗便成为工业中所不可缺少的一个重要环节。

大多数企业及个人对换热器结垢的影响及清除工艺还停留在机械、高压水、化学酸洗等传统的清洗方法上，造成对设备损害和腐蚀，甚至造成设备的报废和生产的停滞，付出了很高的代价。

发明内容

本发明是为了克服上述不足，对设备进行无损害和腐蚀的清洗。

一种用超声波清洗的换热器由排气法兰、壳体、热交换组件、进气法兰、支架、加热元件、超声波发生装置、控制系统组成，其特征是，所述热交换组件由大齿轮、圆锥轴承、圆螺母、电机、小齿轮、左支架、热交换器翅片组件、右支架、中心轴、翅片骨架组成并装配成一体，换器翅片组件表面发生污垢后，启动控制系统，加入水，用加热器将水加热，启动超声波发生装置和电机，电机转动通过齿轮带动热交换组件缓慢转动，超声波发生装置产生的超声波对换器翅片组件表面产生的污垢进行热清洗。

附图说明

图2-5-1是本发明主视示意图。图中，排气法兰1，壳体2，热交换组件3，进气法兰4，支架5，加热元件6，超声波发生装置7，控制系统8，控制系统用于控制进水和排水、加热元件加热、超声波发生装置开启和关闭、控制中心轴转动或停止；排气法兰、壳体、进气法兰、壳体连接处垫密封垫后用螺栓连为一体；冷空气进入后的流动方向用空心圆加箭头表示，热空气进入后的流动方向用实心圆加箭头表示。

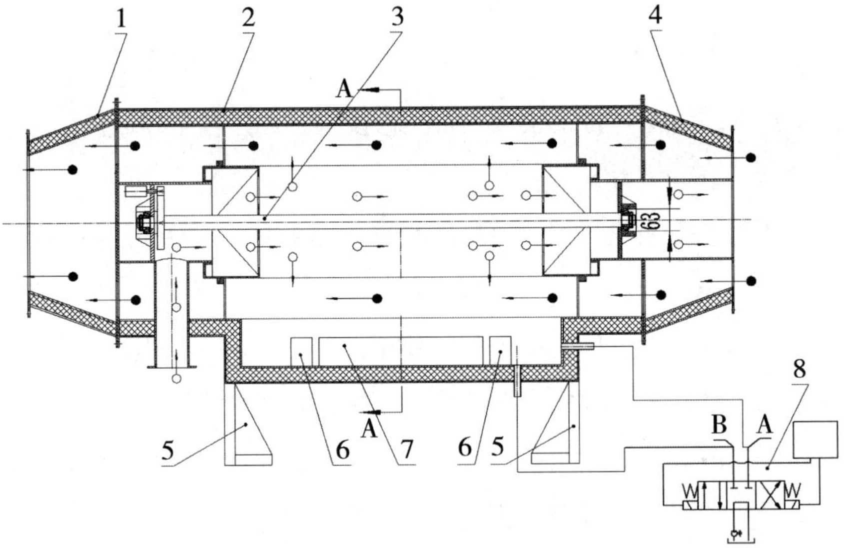

图2-5-1　换热器主视示意图

图2-5-2是本发明中排气法兰1的剖面示意图。图中，圆法兰Ⅰ1-1，中间是大孔，圆周方向有8个均匀分布螺栓连接用孔；排气法兰外壳1-2，是圆锥形金属壳体；保温材料1-3，排气法兰内壳1-4，是一个圆锥形金属壳体；圆法兰Ⅱ1-5，中间是大孔，圆周方向有8个均匀分布螺栓连接用孔和4个热空气经热交换后排气孔；排气法兰1为焊接件；实心圆加箭头表示热空气经热交换后排出。

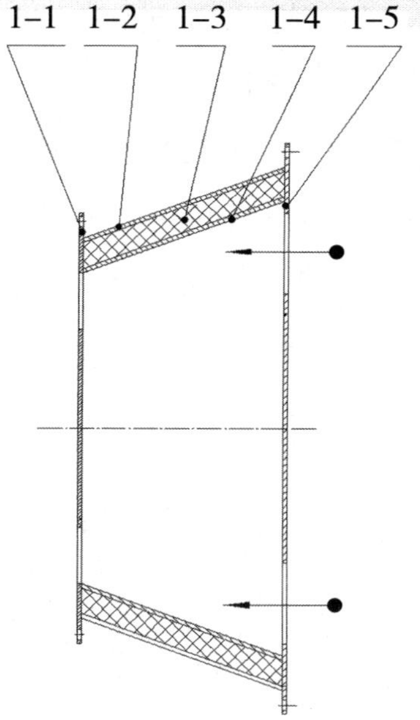

图2-5-2　排气法兰1剖面示意图

图2-5-3本发明壳体2的剖面示意图。图中，圆法兰Ⅲ2-1，圆周方向有8个均匀分布螺栓连接用孔和4个热空气经热交换后排出孔；外壳2-2，保温材料2-3，内壳2-4，圆法兰Ⅳ2-5，圆周方向有8个均匀分布螺栓连接用孔和4个热空气进气孔，右轴承座组件2-6，圆套Ⅰ2-7，进水管2-8，排水管2-9，冷空气进气管2-10，圆套Ⅱ2-11，左轴承座组件2-12，上述零件焊为一体；支架5，加热

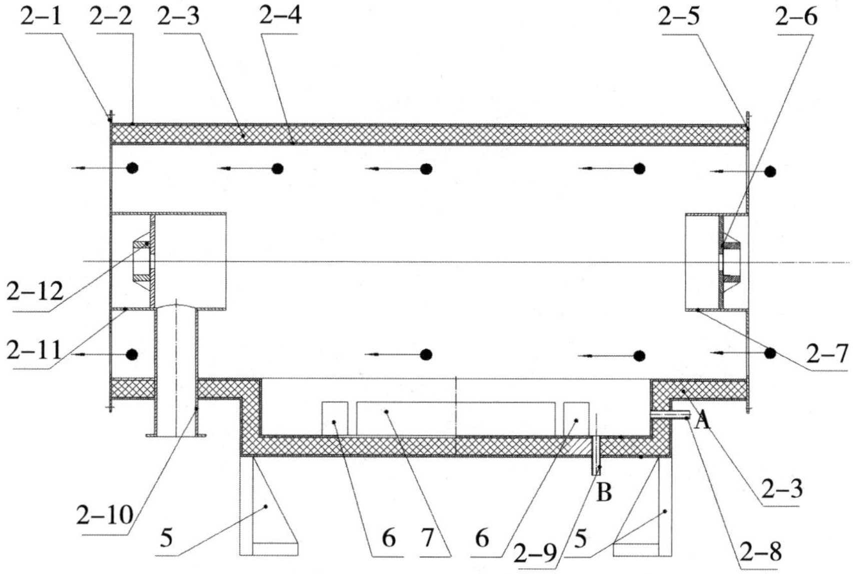

图2-5-3　壳件2剖面示意图

元件6，超声波发生装置7，实心圆加箭头表示热空气流动方向。

图2-5-4是本发明热交换组件3示意图，是本发明的核心组件。图中，大齿轮3-1，圆锥轴承3-2，圆螺母3-3，电机3-4，小齿轮3-5，左支架3-6，热交换器铜翅片组件3-7，右支架3-8，中心轴3-9，翅片骨架3-10，左端的翅片骨架与左支架焊在一体，右端的翅片骨架与右支架焊在一体（左右支架材料均为铜），再焊到中心轴上。

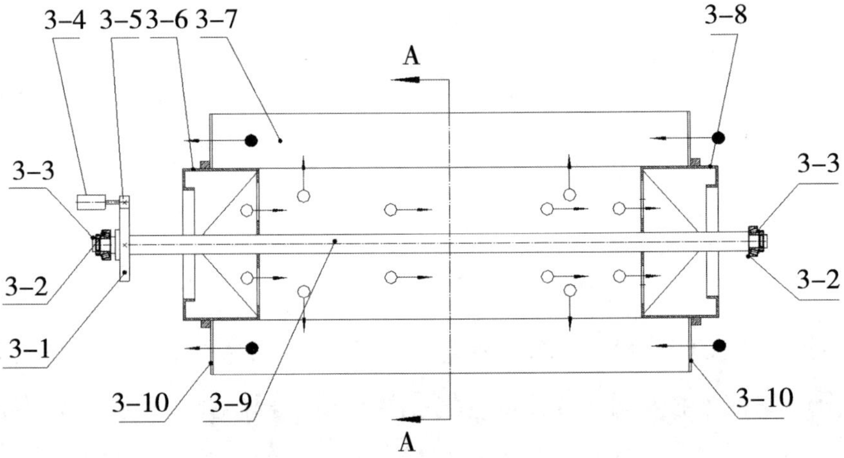

图2-5-4　热交换组件3示意图

图2-5-5是本发明图2-5-4A-A剖面示意图。图中，左支架3-6，热交换器翅片组件3-7，中心轴3-9，翅片骨架3-10。

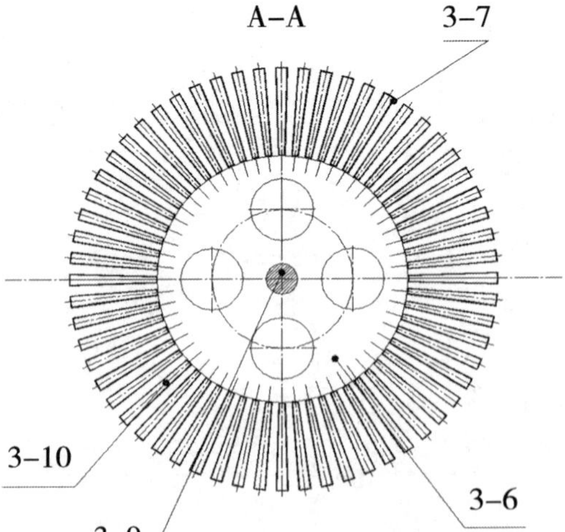

图2-5-5　热交换组件3A-A剖面示意图

图2-5-6是本发明热交换器翅片组件3-7的剖面示意图。图中，热交换器翅片组件3-7。

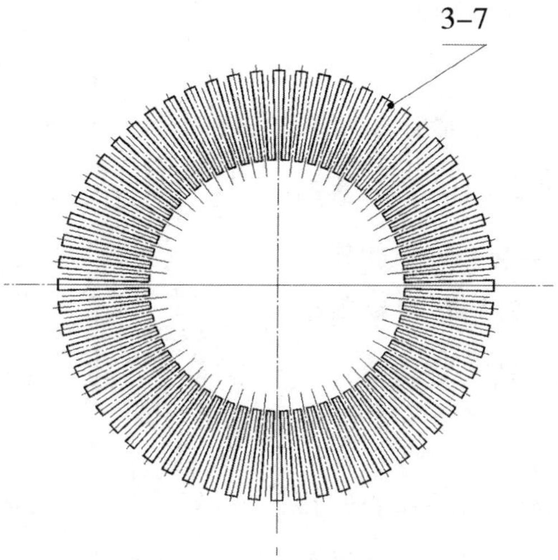

图2-5-6　热交换器翅片组件3-7剖面示意图

图2-5-7是控制系统8示意图。图中，控制箱8-1，二位四通电磁阀8-2，水池8-3，水泵8-4，A、B二个接口与进水口和出水口相接，控制箱用电缆与电机、加热元件6、超声波发生装置相连接，图中电缆线省去未画。

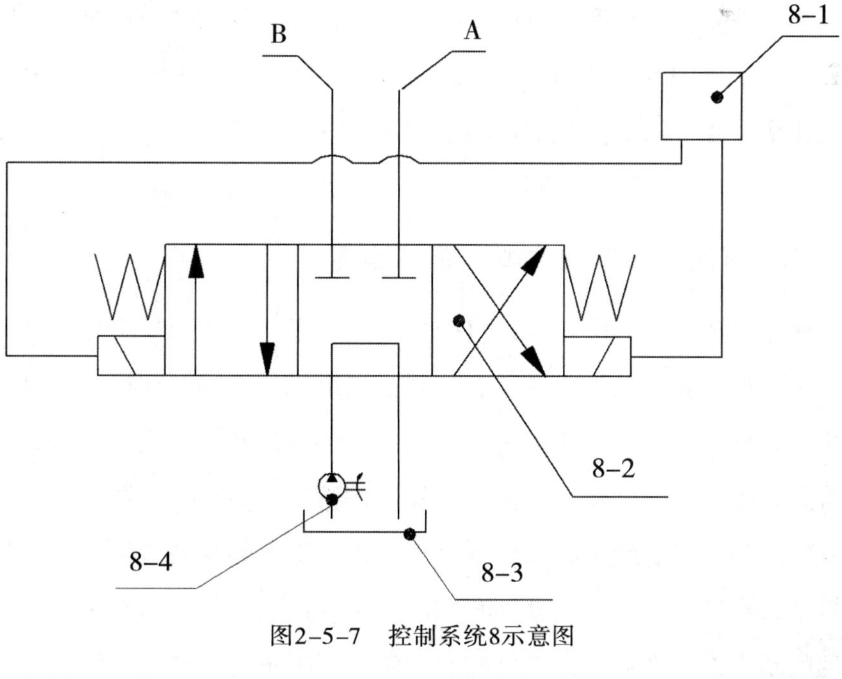

图2-5-7　控制系统8示意图

图2-5-8是进气法兰4剖面示意图。图中，圆法兰Ⅴ4-1，中间是与圆管焊

接的大孔，4个热空气进入热交换器翅片的孔，圆周方向有8个均匀分布螺栓连接用孔；进气法兰外壳4-2，是一个圆锥形金属壳体；保温材料4-3，进气法兰内壳4-4，是一个圆锥形金属壳体；圆法兰Ⅵ4-5中间是与圆管焊接的大孔，4个热空气进入热交换器翅片的孔，圆周方向有8个均匀分布螺栓连接用孔；圆管4－6与两个法兰焊接。

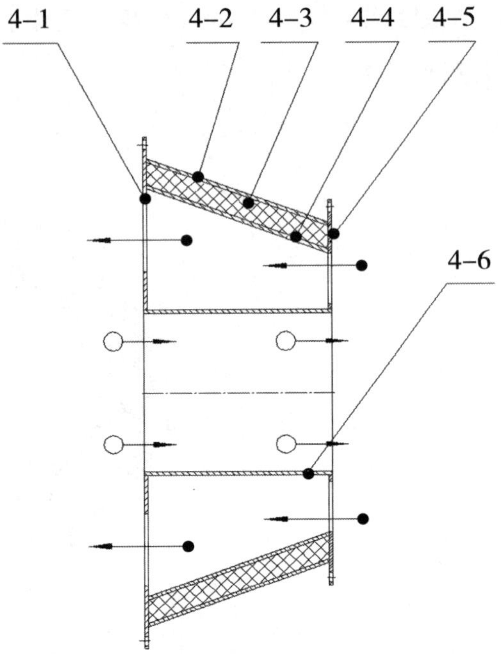

图2-5-8　进气法兰4剖面视示意图

具体实施方式

一种用超声波清洗的换热器，由排气法兰1、壳体2、热交换组件3、进气法兰4、支架5、加热元件6、超声波发生装置7、控制系统8组成，其特征是，所述热交换组件由大齿轮、圆锥轴承、圆螺母、电机、小齿轮、左支架、热交换器翅片组件、右支架、中心轴、翅片骨架组成，换器翅片组件表面发生污垢后，启动控制系统，加入水，用加热器将水加热，启动超声波发生装置和电机，电机转动通过齿轮带动热交换组件缓慢转动，左支架和右支架分别套在圆套Ⅰ和圆套Ⅱ起密封作用，超声波发生装置产生的超声波对换器翅片组件表面产生的污垢进行热清洗，清洗完毕，电机停止转动，放出水，关闭电磁阀。

一种用超声波清洗的换热器说明书摘要

一种用超声波清洗的换热器，由排气法兰、壳体、热交换组件、进气法兰、支架、加热元件、超声波发生装置、控制系统组成，所述热交换组件由大齿轮、圆锥轴承、圆螺母、电机、小齿轮、左支架、热交换器翅片组件、右支架、中心轴、翅片骨架组成，换器翅片组件表面发生污垢后，启动控制系统，加入水，用加热器将水加热，启动超声波发生装置和电机，电机转动通过齿轮带动热交换组件缓慢转动，左支架和右支架分别套在圆套Ⅰ和圆套Ⅱ起密封作用，超声波发生装置产生的超声波对换器翅片组件表面产生的污垢进行热清洗，清洗完毕，电机停止转动，放出水，关闭电磁阀。摘要附图请见图2-5-1。

3. 新产品

3.1 一种采用新结构定子的减振电机（202020223155.2）

一种采用新结构定子的减振电机权利要求书

一种采用新结构定子的减振电机，由端盖Ⅰ组件1、机壳2、新结构定子4、转子5、端盖Ⅱ组件6和轴承盖7组成，其特征在于，新结构定子连同转子装在机壳孔内，所述端盖Ⅰ组件是在端盖Ⅰ孔内装入轴承，所述端盖Ⅱ组件是在端盖Ⅱ孔内装入轴承，端盖Ⅰ、端盖Ⅱ的内止口与新结构定子配合，外止口与机壳配合；端盖Ⅰ组件和端盖Ⅱ组件分别装在机壳两端，各用螺栓与机壳、新结构定子连接；轴承盖装在端盖Ⅱ右端；所述机壳两端各有用于与端盖Ⅰ和端盖Ⅱ连接的孔；所述新结构定子由铁芯、骨架和线圈组成，两端各有与端盖Ⅰ、端盖Ⅱ连接的螺孔；所述铁芯由硅钢片叠成，有用于铸铝的槽和用于套线圈的齿；所述线圈由骨架和漆包线组成，漆包线绕在骨架上，线圈黏合在铁芯上；转子加工及装配方法与其他电机相同。

一种采用新结构定子的减振电机说明书

技术领域

本实用新型涉及电机设计领域，特别涉及减噪、减振电机设计领域。

背景技术

在电机运行过程中，产生的振动与噪声，是困惑电机制造业提高质量的难题，成为影响向高质量电机发展的主要障碍。

发明内容

本实用新型就是为了减少电机的振动与噪声，制造出一种高质量的电机。

一种采用新结构定子的减振电机，由端盖Ⅰ组件、机壳、新结构定子、转子、端盖Ⅱ组件和轴承盖组成，其特征在于，新结构定子连同转子装在机壳孔内，所述端盖Ⅰ组件是在端盖Ⅰ孔内装入轴承，所述端盖Ⅱ组件是在端盖Ⅱ孔内装入轴承，端盖Ⅰ、端盖Ⅱ的内止口与新结构定子配合，外止口与机壳配合；端盖Ⅰ组件和端盖Ⅱ组件分别装在机壳两端，各用螺栓与机壳、新结构定子连接；

轴承盖装在端盖Ⅱ右端；所述机壳两端各有用于与端盖Ⅰ和端盖Ⅱ连接的孔；所述新结构定子是由铁芯、骨架和线圈组成，两端各有与端盖Ⅰ、端盖Ⅱ连接的螺孔；所述铁芯由硅钢片叠成，有用于铸铝的槽和用于套线圈的齿；所述线圈由骨架和漆包线组成，漆包线绕在骨架上，线圈黏合在铁芯上；转子加工及装配方法与其他电机相同。

附图说明

图3-1-1是本实用新型的剖面示意图。图中，端盖Ⅰ组件1、机壳2、空隙3、新结构定子4、转子5、端盖Ⅱ组件6和轴承盖7；机壳两端有螺孔，用于端盖Ⅰ、端盖Ⅱ与机壳连接时拧入螺栓；机壳外侧平面上分布散热片；下部有安装螺孔。

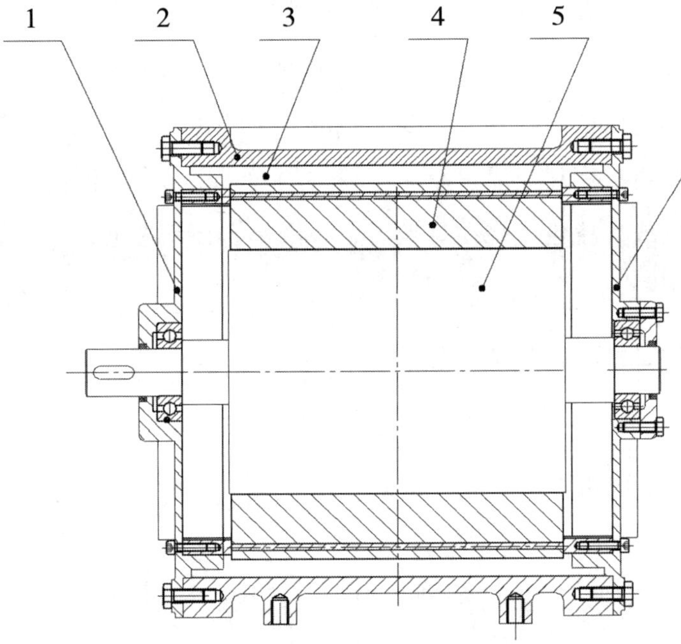

图3-1-1　减振电机剖面示意图

图3-1-2是本实用新型端盖Ⅰ组件1的剖面示意图。图中，端盖Ⅰ1-1、轴承1-2、防尘圈1-3；端盖Ⅰ上有均匀分布4个A孔，用于用螺栓与机壳2连接；端盖Ⅰ上另有均匀分布的12个B孔，用于用螺栓与新结构定子4连接。

图3-1-3是本实用新型端盖Ⅰ组件1的侧视示意图。图中，端盖Ⅰ上在圆周均匀分布的4个A孔，用于用螺栓与机壳2连接；在圆周均匀分布的12个B孔，用于用螺栓与新结构定子4连接，端盖Ⅰ平面上有散热片。

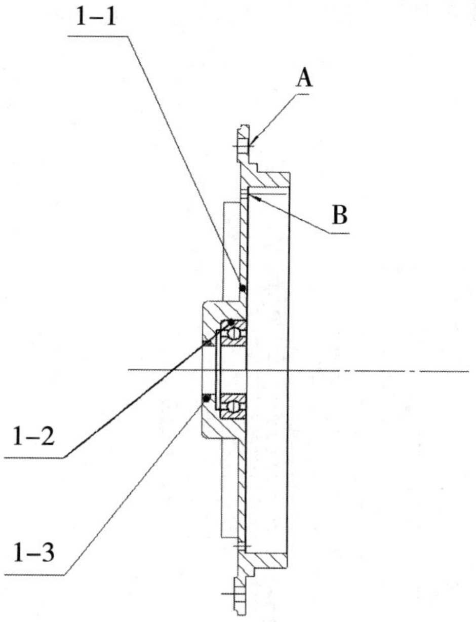

图3-1-2　端盖Ⅰ组件1剖面示意图

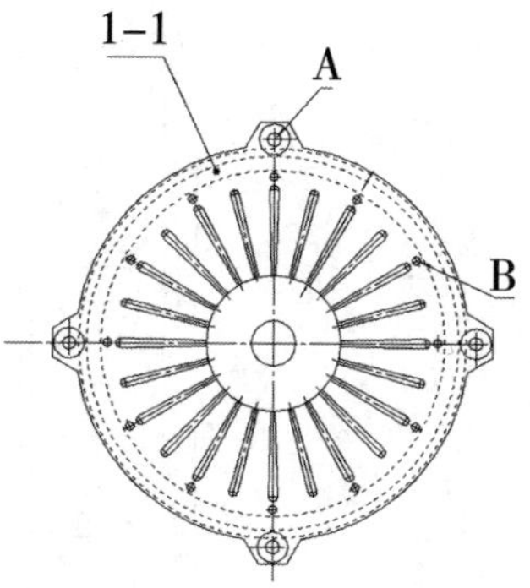

图3-1-3　端盖Ⅰ组件1侧视示意图

图3-1-4是本实用新型新结构定子4的俯视示意图。图中，铁芯4-1，骨架4-2，线圈4-3；铸铝时铝合金将铁芯冲片连接在一起，铁芯有12个齿，骨架两端各有12个均匀分布的螺孔；线圈4-3用黏合剂将线圈4-3黏合在铁芯4-1上。

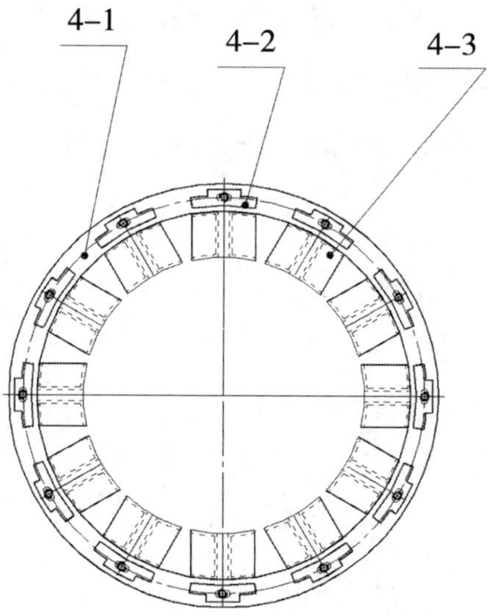

图3-1-4　新结构定子4俯视示意图

图3-1-5是本实用新型新结构定子中，铁芯和骨架组合后的剖面示意图。图中，铁芯4-1，骨架4-2，铸铝时骨架将铁芯冲片连接在一起。骨架两端外圆分别与端盖Ⅰ、端盖Ⅱ内孔配合，骨架两端各有12个均匀分布的螺孔，装配时用螺

栓将端盖Ⅰ、端盖Ⅱ与新结构定子连接成一体；铁芯上有12个分布均匀的齿，用于套线圈4-3。

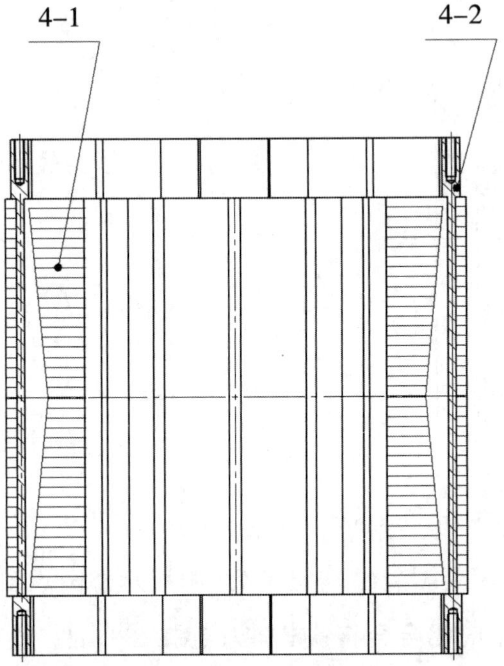

图3-1-5　铁芯和骨架组合后剖面示意图

图3-1-6是实用新型本新结构定子中，铁芯铸入铝骨架后的俯视示意图。

图3-1-7是本实用新型新结构定子中，铁芯的俯视示意图。图中，铁芯上有12个均匀分布的腰形槽和12个均匀分布的齿，铝合金铸入腰形槽将铁芯连为一体。

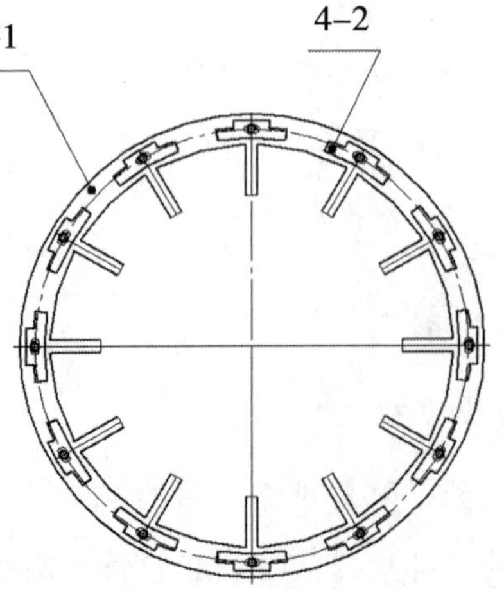

图3-1-6　铁芯铸入铝骨架后俯视示意图

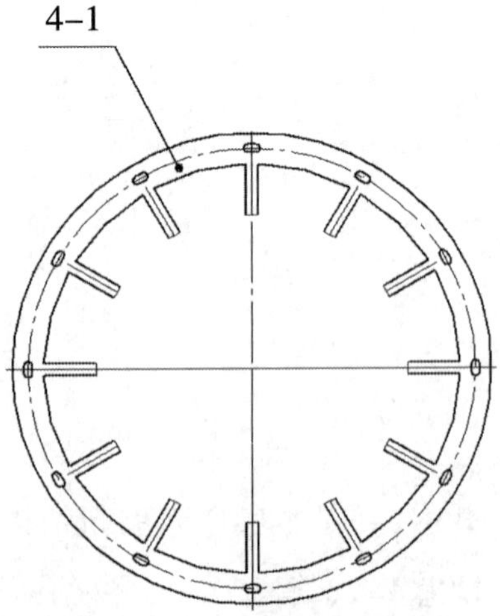

图3-1-7　铁芯俯视示意图

图3-1-8是本实用新型中线圈的俯视示意图。图中，骨架的周围的槽内绕有漆包线，矩形槽套在铁芯的齿上。

图3-1-9是本实用新型中线圈的剖面示意图。图中，骨架的周围的槽内绕有线圈，骨架的外圆弧与铁芯的内圆弧一致，骨架上有矩形槽；安装时，骨架上的槽套在铁芯上的齿上，线圈的外圆弧面与铁芯的内圆弧面用黏合剂黏结。

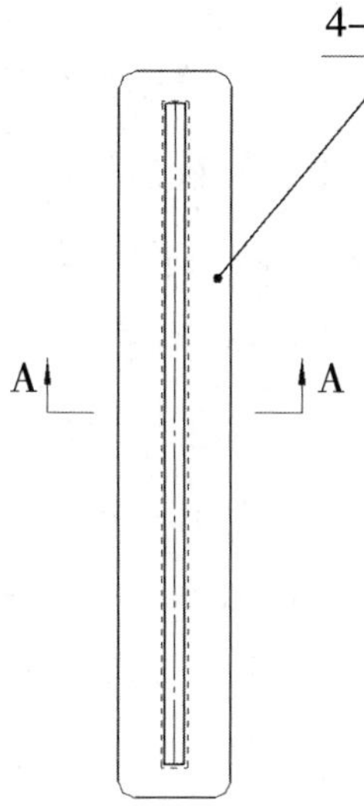

图3-1-8　线圈俯视面示意图

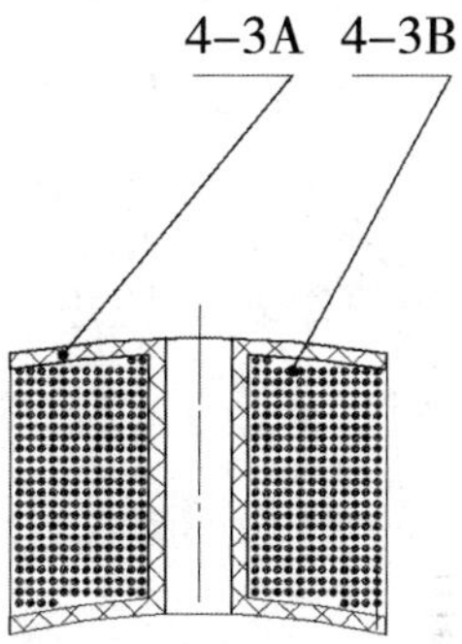

图3-1-9　线圈剖面示意图

图3-1-10是本实用新型端盖Ⅱ的剖面示意图。图中，端盖Ⅱ6-1、轴承6-2、防尘圈6-3、轴承盖7；端盖Ⅱ上在圆周方向均匀分布的4个C孔，用于用螺栓与机壳2连接；端盖Ⅱ上在圆周方向均匀分布的12个B孔，用于用螺栓与新结构定子4连接。

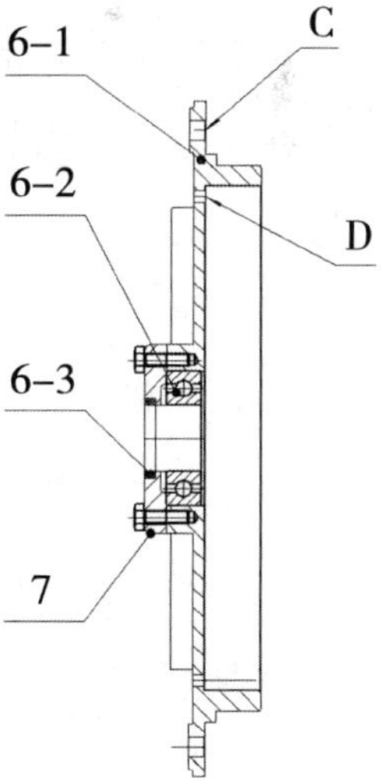

图3-1-10　端盖Ⅱ剖面示意图

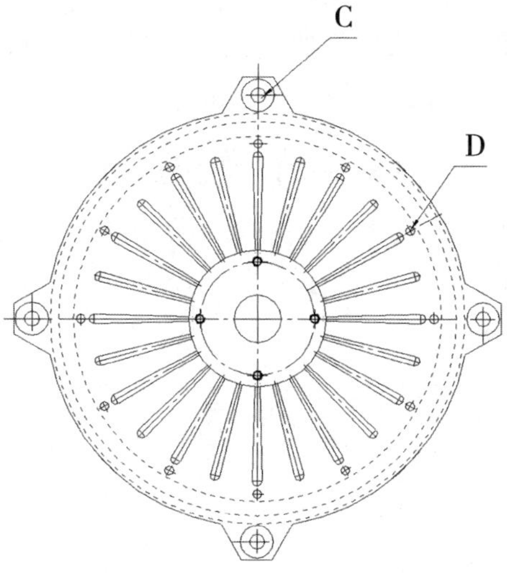

图3-1-11　端盖Ⅱ侧视面示意图

图3-1-11是本实用新型端盖Ⅱ的侧视面示意图。图中，端盖Ⅱ上在圆周均匀分布的4个C孔，

用于用螺栓与机壳2连接；端盖Ⅰ上在圆周均匀分布的12个D孔，用于用螺栓与新结构定子4连接；端盖Ⅱ外侧平面有散热片。

具体实施方式

一种采用新结构定子的减振电机，由端盖Ⅰ组件、机壳、新结构定子、转子、端盖Ⅱ组件和轴承盖组成，新结构定子连同转子装在机壳孔内，所述端盖Ⅰ组件是在端盖Ⅰ孔内装入轴承，所述端盖Ⅱ组件是在端盖Ⅱ孔内装入轴承，端盖Ⅰ、端盖Ⅱ的内止口与新结构定子配合，外止口与机壳配合；端盖Ⅰ组件和端盖Ⅱ组件分别装在机壳两端，各用螺栓与机壳连接，各用螺栓与新结构定子连接；所述机壳两端各有用于与端盖Ⅰ和端盖Ⅱ连接的孔；所述新结构定子由铁芯、骨架和线圈组成，两端各有与端盖Ⅰ、端盖Ⅱ连接的螺孔；所述铁芯由硅钢片叠成，有用于铸铝的槽和用于套线圈的齿；所述线圈由骨架和漆包线组成，漆包线绕在骨架上，线圈黏合在铁芯上；转子加工及装配方法与其他电机相同。

由于新结构定子外圆不与机壳内孔接触，定子上的振动不直接传递到机壳，因此，这种电机振动和噪声较小。

一种采用新结构定子的减振电机说明书摘要

一种采用新结构定子的减振电机，由端盖Ⅰ组件、机壳、新结构定子、转子、端盖Ⅱ组件和轴承盖组成，新结构定子连同转子装在机壳孔内，所述端盖Ⅰ组件是在端盖Ⅰ孔内装入轴承，所述端盖Ⅱ组件是在端盖Ⅱ孔内装入轴承，端盖Ⅰ、端盖Ⅱ的内止口与新结构定子配合，外止口与机壳配合；端盖Ⅰ组件和端盖Ⅱ组件分别装在机壳两端，轴承盖装在端盖Ⅱ组件右端；所述新结构定子是由铁芯、骨架和线圈组成，两端各有与端盖Ⅰ、端盖Ⅱ连接的螺孔；所述铁芯由硅钢片叠成，有用于铸铝的槽和用于套线圈的齿；所述线圈由骨架和漆包线组成，漆包线绕在骨架上，线圈黏合在铁芯上；转子加工及装配方法与其他电机相同。摘要附图请见图3-1-1。

3.2 一种用蜗杆蜗轮减速的螺旋式升降平台（202120562058.0）

一种用蜗杆蜗轮减速的螺旋式升降平台权利要求书

一种用蜗杆蜗轮减速的螺旋式升降平台，由顶板1、升降组件2、锥齿轮箱3、底板4、传动组件5、动力组件6、顶板紧固螺钉7和传动轴支架8组成，其特征在于升降组件、锥齿轮箱、动力组件中的电机和传动轴支架均用螺栓紧固在底板上，用顶板紧固螺钉将顶板紧固在连接板上；所述升降组件由连接板2-1、滑套2-2、导柱2-3、铜螺母2-4、蜗轮2-5、圆螺母2-6、轴承盖2-7、推力轴承2-8、螺杆2-9和外罩2-10组成，螺栓将铜螺母紧固在滑套上，螺杆拧在铜螺母螺孔中，推力轴承、蜗轮、轴承盖套在螺杆上，轴承盖用螺钉紧固在导柱隔板上，用圆螺母锁紧；蜗轮与螺杆之间装平键传递扭矩，外罩用螺钉固定在连接板上；所述导柱2-3由长套2-3-1、隔板Ⅰ2-3-2、隔板Ⅱ2-3-3、法兰盘2-3-4和加强筋2-3-5组成，5种零件焊为一体；所述传动组件由蜗杆轴Ⅰ5-1、轴套5-2、联轴器5-3、中间轴Ⅰ5-4、蜗杆轴Ⅱ5-5、短轴套5-6、小平面轴承5-7和锥齿轮5-8组成，联轴器将蜗杆轴Ⅰ、中间轴Ⅰ、蜗杆轴Ⅱ连为一体，传动轴支架、锥齿轮箱内分别装入轴套、短轴套作为支承，联轴器与蜗杆轴Ⅰ、中间轴Ⅰ、蜗杆轴Ⅱ用平键传递扭矩，锥齿轮与蜗杆轴Ⅱ用平键传递扭矩，用螺栓将锥齿轮紧固在蜗杆轴Ⅱ上；所述动力组件由锥齿轮5-8、小平面轴承5-7，短轴套5-2，锥齿轮轴Ⅰ6-3、电机6-2、联轴器5-3、中间轴Ⅱ6-1、锥齿轮轴Ⅱ6-4组成，联轴器将锥齿轮轴Ⅰ、电机、中间轴Ⅱ、锥齿轮轴Ⅱ连为一体，用螺栓将锥齿轮紧固在锥齿轮轴Ⅰ、锥齿轮轴Ⅱ上，用平键传递扭矩；所述联轴器由联轴器套5-3-1、紧固件5-3-2和调节垫片5-3-3组成，联轴器套内有键槽用在连接时传递扭短，调节垫片用于调节4个升降组件中连接板的高度；所述锥齿轮箱为钢板焊接件，由箱座3-1、箱体3-2、箱盖组成3-3，中空，锥齿轮装在锥齿轮箱内，锥齿轮箱上有2个装短轴套的孔，小平面轴承端面支承在锥齿轮箱内的平面上，装好后装盖子。

一种用蜗杆蜗轮减速的螺旋式升降平台说明书

技术领域

本实用新型涉及起重设备技术领域，特别涉及钢厂起重设备技术领域。

背景技术

目前，市场上升降平台很多，但平台水平面精度通常不高，不能用于水平面精度要求高的物件提升。

发明内容

本实用新型就是要设计制造一种提升后水平面精度高的升降平台，在精密零部件装拆时使用。

一种用蜗杆蜗轮减速的螺旋式升降平台，由顶板、升降组件、锥齿轮箱、底板、传动组件、动力组件、顶板紧固螺钉和传动轴支架组成，其特征在于，升降组件、锥齿轮箱、动力组件中的电机和传动轴支架均用螺栓紧固在底板上，用顶板紧固螺钉将顶板紧固在连接板上；所述升降组件由连接板、滑套、导柱、铜螺母、蜗轮、圆螺母、轴承盖、推力轴承、螺杆和外罩组成，螺栓将铜螺母紧固在滑套上，螺杆拧在铜螺母螺孔中，推力轴承、蜗轮、轴承盖套在螺杆上，轴承盖用螺钉紧固在导柱隔板上，用圆螺母锁紧；蜗轮与螺杆之间装平键传递扭矩，外罩用螺钉固定在连接板上；所述导柱由长套、隔板Ⅰ、隔板Ⅱ、法兰盘和加强筋组成，5种零件焊为一体；所述传动组件由蜗杆轴Ⅰ、轴套、联轴器、中间轴Ⅰ、蜗杆轴Ⅱ、短轴套、小平面轴承、锥齿轮组成，联轴器将蜗杆轴Ⅰ、中间轴Ⅰ、蜗杆轴Ⅱ连为一体，传动轴支架、锥齿轮箱内分别装入轴套、短轴套作为支承，联轴器与蜗杆轴Ⅰ、中间轴Ⅰ、蜗杆轴Ⅱ用平键传递扭矩，锥齿轮与蜗杆轴Ⅱ用平键传递扭矩，用螺栓将锥齿轮紧固在蜗杆轴Ⅱ上；所述动力组件由锥齿轮、小平面轴承，短轴套，锥齿轮轴Ⅰ、电机、联轴器、中间轴Ⅱ、锥齿轮轴Ⅱ组成，联轴器将锥齿轮轴Ⅰ、电机、中间轴Ⅱ、锥齿轮轴Ⅱ连为一体，用螺栓将锥齿轮紧固在锥齿轮轴Ⅰ、锥齿轮轴Ⅱ上，用平键传递扭矩；所述联轴器由联轴器套、紧固件和调节垫片组成，联轴器套内有键槽用在连接时传递扭短，调节垫片用于调节4个升降组件中连接板的高度；所述锥齿轮箱为钢板焊接件，由箱座、箱体、箱盖组成，中空，锥齿轮装在锥齿轮箱内，锥齿轮箱上有2个装短轴套的孔，小平面轴承端面支承在锥齿轮箱内的平面上，装好后装盖子。

附图说明

图3-2-1是本实用新型的主示意图。

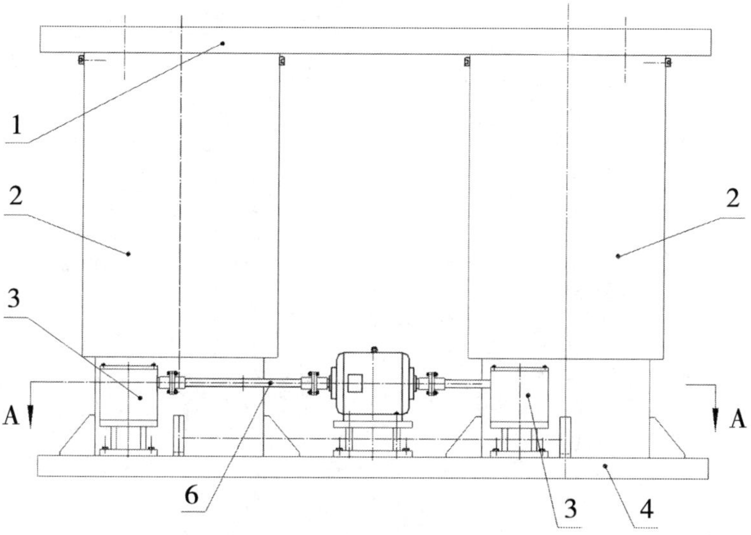

图3-2-1　螺旋式升降平台主示意图

图3-2-2是本实用新型的俯视示意图。

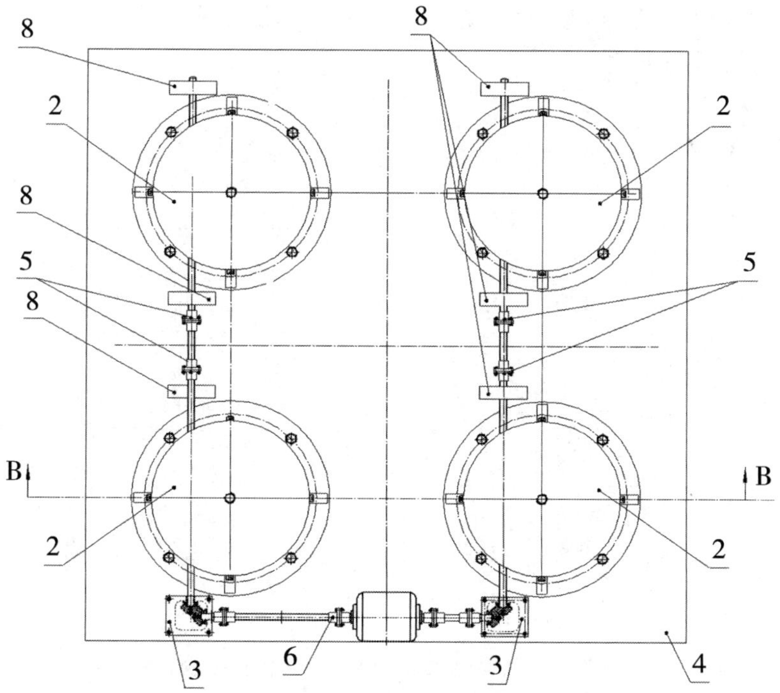

图3-2-2　螺旋式升降平台俯视示意图

图3-2-3是本实用新型中图3-2-1的A-A剖面示意图，图中，电机未作剖视。

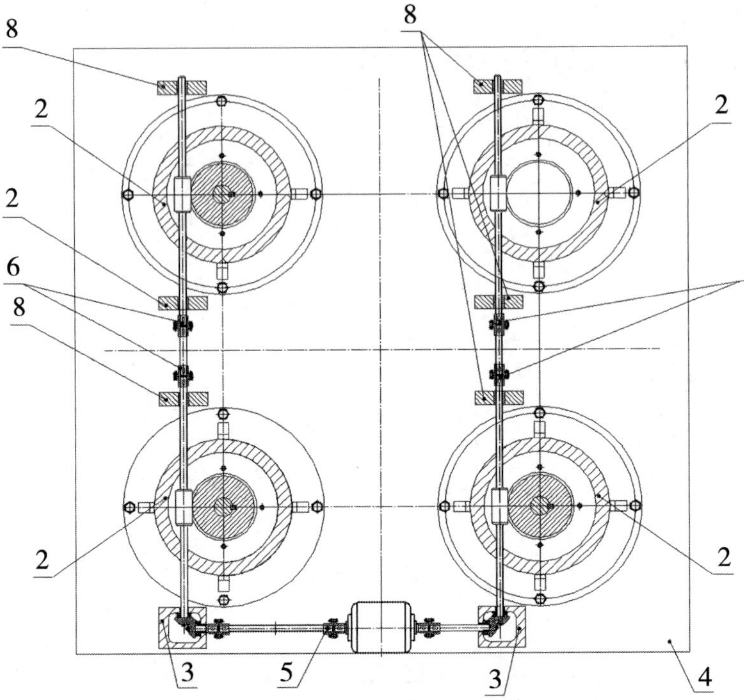

图3-2-3　螺旋式升降平台A-A剖面视示意图

图3-2-4是本实用新型中图3-2-2的B-B剖面示意图。

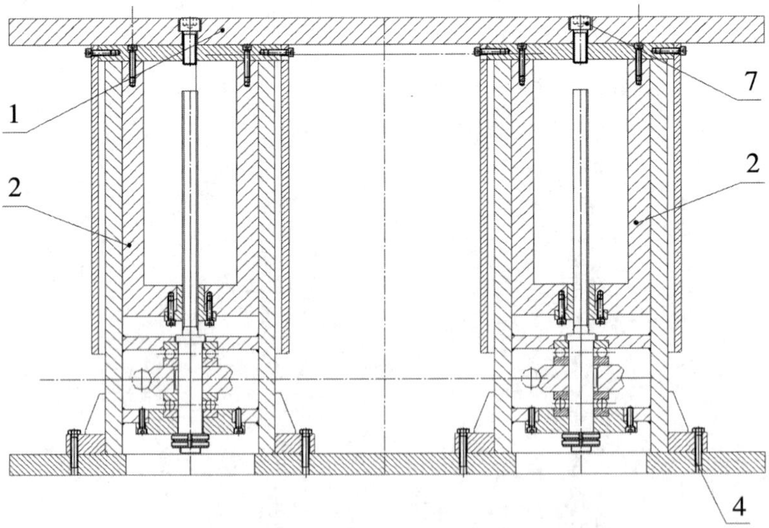

图3-2-4　螺旋式升降平台B-B剖面示意图

图3-2-1～图3-2-4中，顶板1，4组升降组件2，2件锥齿轮箱3，底板4，2组传动组件5，动力组件6，顶板紧固螺钉7，6件传动轴支架8。

图3-2-5是本实用新型中升降组件2的剖面示意图，升降组件用螺栓紧固在底板上。图中，连接板2-1，滑套2-2上有装铜螺母的孔，导柱2-3，用螺栓将铜螺母2-4紧固在滑套上，蜗轮2-5，圆螺母2-6，轴承盖2-7，推力轴承2-8，螺杆2-9；将螺杆拧入铜螺母依次装入推力轴承、蜗轮、轴承盖，将轴承盖用螺钉紧固在导柱隔板上，装圆螺母并锁紧；蜗轮与螺杆之间用平键传递扭矩；外罩2-10用螺钉固定在连接板上。

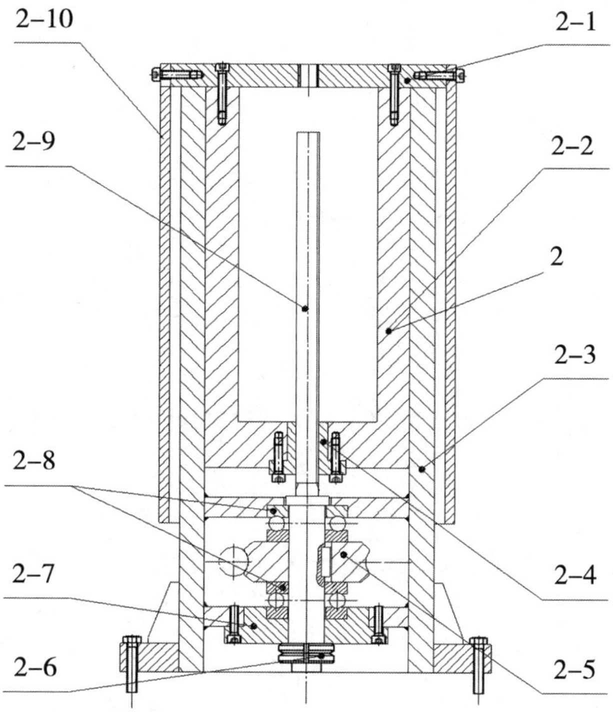

图3-2-5　升降组件2剖面示意图

图3-2-6是本实用新型中导柱2-3剖面示意图。图中，长套2-3-1，隔板Ⅰ2-3-2，隔板Ⅱ2-3-3，法兰盘2-3-4，加强筋2-3-5，5种零件焊为一体。

图3-2-7是本实用新型中传动组件5旋转90° 的俯视示意图。

图3-2-8是本实用新型中动力组件6俯视示意图。

图3-2-6和图3-2-7中，蜗杆轴Ⅰ5-1，轴套5-2，联轴器5-3，中间轴Ⅰ5-4，蜗杆轴Ⅱ5-5，短轴套5-6，小平面轴承5-7，锥齿轮5-8；中间轴Ⅱ6-1，电机6-2，锥齿轮轴Ⅰ6-3，锥齿轮轴Ⅱ6-4，传动轴支架8。

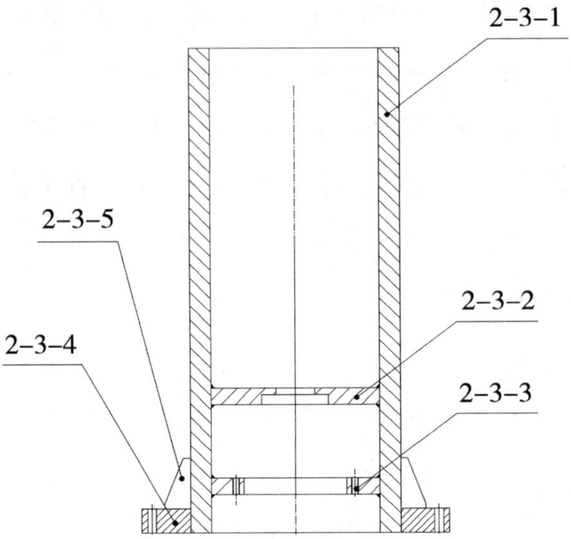

图3-2-6　导柱2-3剖面示意图

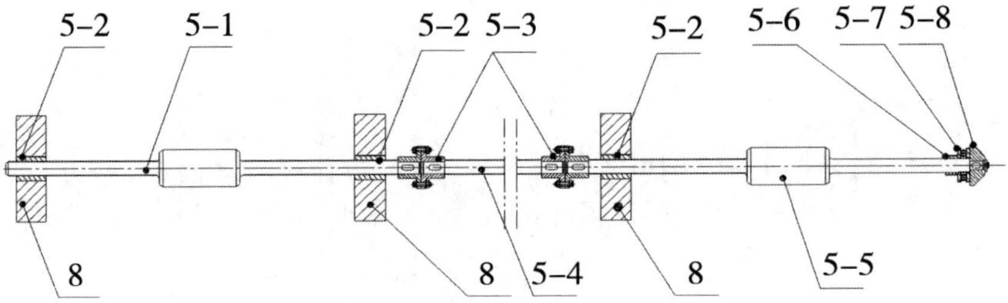

图3-2-7　传动组件5旋转90°俯视示意图

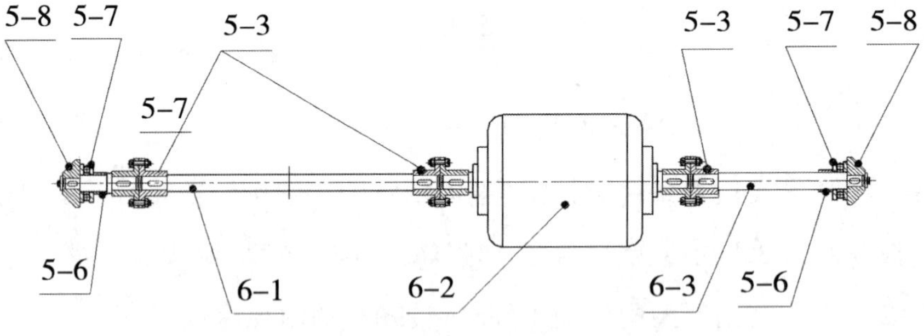

图 3-2-8　动力组件6俯视示意图

图3-2-9是本实用新型中联轴器5-3放大图。图中，联轴器套5-3-1，紧固件5-3-2，调节垫片5-3。

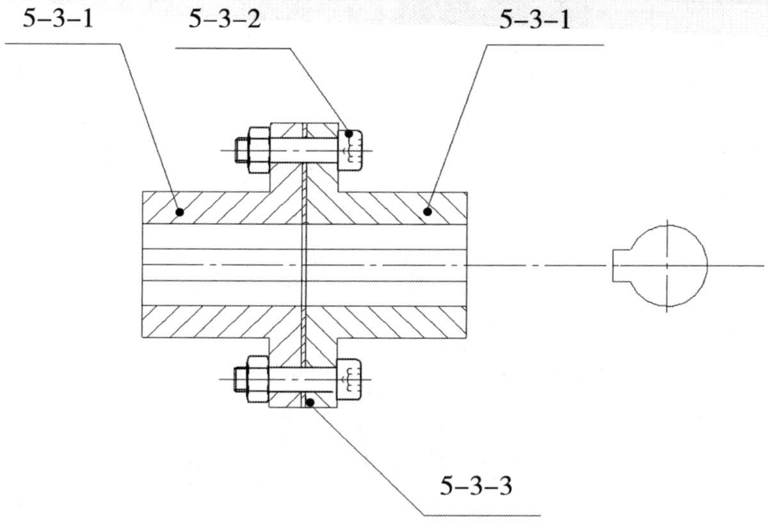

图3-2-9　联轴器5-3放大图

图3-2-10是本实用新型中锥齿轮箱3主视示意图。

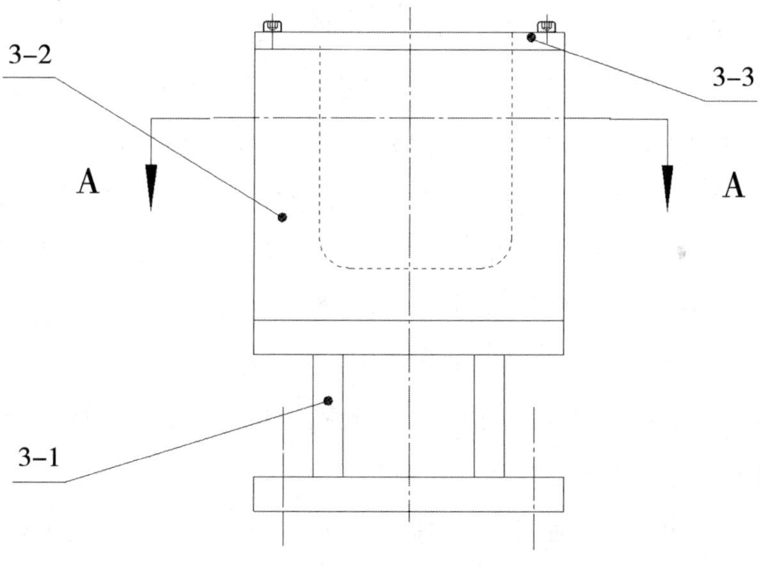

图3-2-10　锥齿轮箱3主视示意图

图3-2-11是图3-2-10的A-A剖面示意图。图中，箱座3-1，箱体3-2，箱盖3-3，传动组件5，动力组件6；锥齿轮、短轴套、小平面轴承均装在锥齿轮箱中，图中传动组件、动力组件用双点画线表示；锥齿轮箱左右各1件，本图为右边的锥齿轮箱。

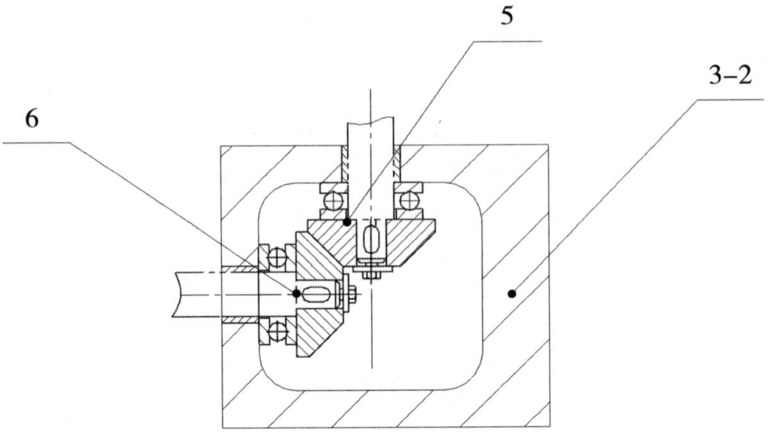

图3-2-11　锥齿轮箱A-A剖面示意图

具体实施方式

对照附图进一步说明：

如图3-2-1～图3-2-4所示，本发明由顶板、4套升降组件、2个锥齿轮箱、底板、2组传动组件、动力组件、顶板紧固螺钉和6个传动轴支架组成，升降组件、锥齿轮箱、动力组件中的电机和传动轴支架均用螺栓紧固在底板上，用顶板紧固螺钉将顶板紧固在连接板上；如图3-2-5所示，升降组件由连接板、滑套、导柱、铜螺母、蜗轮、圆螺母、轴承盖、推力轴承、螺杆和外罩组成，先用螺栓将铜螺母紧固在滑套上，再拧入螺杆，然后依次将推力轴承、蜗轮、轴承盖套在螺杆上，再将轴承盖用螺钉紧固在导柱隔板上，装圆螺母并锁紧；蜗轮与螺杆之间装平键传递扭矩，外罩用螺钉固定在连接板上；如图3-2-6所示，导柱由长套、隔板Ⅰ、隔板Ⅱ、法兰盘和加强筋组成，5种零件焊为一体；如图3-2-7所示，传动组件由蜗杆轴Ⅰ、轴套、联轴器、中间轴Ⅰ、蜗杆轴Ⅱ、短轴套、小平面轴承、锥齿轮组成，联轴器将蜗杆轴Ⅰ、中间轴Ⅰ、蜗杆轴Ⅱ连为一体，传动轴支架、锥齿轮箱内分别装入轴套、短轴套作为支承，联轴器与蜗杆轴Ⅰ、中间轴Ⅰ、蜗杆轴Ⅱ用平键传递扭矩，锥齿轮与蜗杆轴Ⅱ用平键传递扭矩，用螺栓将锥齿轮紧固在蜗杆轴Ⅱ上；如图3-2-8所示，动力组件由锥齿轮、小平面轴承，短轴套，锥齿轮轴Ⅰ、电机、联轴器、中间轴Ⅱ、锥齿轮轴Ⅱ组成，联轴器将锥齿轮轴Ⅰ、电机、中间轴Ⅱ、锥齿轮轴Ⅱ连为一体，用螺栓将锥齿轮紧固在锥齿轮轴Ⅰ、锥齿轮轴Ⅱ上，用平键传递扭矩；如图3-2-9所示，联轴器由联轴器套、紧固件和调节垫片组成，联轴器套内有键槽用在连接时传递扭短，调节垫片用于调节4个升降组件中连接板的高度；如图3-2-10、图3-2-11所示，锥齿轮箱为钢板焊接件，由箱座、箱体、箱盖组成，中空，锥齿轮装在锥齿轮箱内，锥齿轮箱上有2个装短轴套的孔，小平面轴承端面支承在锥齿轮箱内的平面上，装好后装盖子。

工作时，电机转动使整个动力组件转动，使两端锥齿轮转动，带动2组传动组件转动，通过蜗杆带动蜗轮转动，蜗轮转动带动螺杆转动，使铜螺母在螺杆上移动，实现滑套、顶板升降；通过调节联轴器垫片厚度，调节连接板高度，从而调整顶板水平精度。

本发明结构简单，制造和使用方便，顶板水平精度高。

一种用蜗杆蜗轮减速的螺旋式升降平台说明书摘要

一种用蜗杆蜗轮减速的螺旋式升降平台，由顶板、4套升降组件、2个锥齿轮箱、底板、2组传动组件、动力组件、顶板紧固螺钉和6个传动轴支架组成，升降组件由连接板、滑套、导柱、铜螺母、蜗轮、圆螺母、轴承盖、推力轴承、螺杆和外罩组成；传动组件由蜗杆轴Ⅰ、轴套、联轴器、中间轴Ⅰ、蜗杆轴Ⅱ、短轴套、小平面轴承、锥齿轮组成，动力组件由锥齿轮、小平面轴承，短轴套，锥齿轮轴Ⅰ、电机、联轴器、中间轴Ⅱ、锥齿轮轴Ⅱ组成，联轴器装有调节垫片，用于调节4个升降组件中连接板的高度；工作时，电机带动动力组件转动，使两端锥齿轮转动，带动2组传动组件转动，通过蜗杆、蜗轮转动带动螺杆转动，使铜螺母在螺杆上移动，实现滑套、顶板升降。摘要附图请见图3-2-1。

3.3 一种行李拖车与行李传送线间的接驳装置（202122038491.7）

一种行李拖车与行李传送线间的接驳装置权利要求书

一种行李拖车与行李传送线间的接驳装置，由电动滚筒皮带线总成1、皮带线支架2、皮带线高度提升装置3、机架4、定位装置5、连接盖板6和电池7组成，其特征在于，电动滚筒皮带线总成支承在皮带线支架上，用螺栓连接，皮带线支架与皮带线高度提升装置上用销轴连接；皮带线高度提升装置与机架，用销轴连接；连接盖板装在机架上，用螺钉连接；电池用螺栓固定组成在机架上；所述电动滚筒皮带线总成由皮带1-1、电器开关1-2、行李导向筒1-3、电动滚筒1-4、连接板Ⅰ1-5、把手1-6、从动滚筒1-7和滚筒支架1-8组成，电动滚筒和从动滚筒装在滚筒支架上，皮带装在电动滚筒和从动滚筒上，连接板Ⅰ焊在滚筒支架上，行李导向筒装在滚筒支架上，用于行李导向；所述电器开关用于操纵电动滚筒运行和电动推缸动作；所述皮带线支架由钢管、连接板Ⅱ2-1、U形板2-2焊接而成，钢板Ⅱ与连接板Ⅰ用螺栓连接；所述皮带线高度提升装置由电动推缸Ⅰ3-1、电动推缸Ⅱ3-2、连杆组件3-3组成，电动推缸Ⅰ的上部，与皮带线支架上1件U形板用销轴连接，下部与机架用销轴连接；所述连杆组件由轴承座、转轴、摆臂Ⅰ和摆臂Ⅱ组成，轴承座用螺栓紧固在机架上的轴承支架上；摆臂Ⅰ与皮带线支架上的2件U形板用销轴连接，摆臂Ⅱ与电动推缸Ⅱ用销轴连接；所述机架由骨架4-1、全向轮4-2、轴承座支架4-3、支座Ⅰ4-4、支座Ⅱ4-5焊接而成，骨架由钢管、钢板和槽钢焊接而成，骨架上部有螺孔，螺钉将连接盖板与骨架连为一体；全向轮使该接驳装置在地上向任何方向移动；所述定位装置，由定位电动推杆5-1、接叉5-2、拉杆5-4、座5-3、轴5-5和滚轮5-6组成，固定在机架上；电动推杆和拉杆通过接叉装入销后连接，小轴焊在拉杆上，滚轮套在小轴上，滚轮可在导向槽内移动，导向槽固定在与传送线平行的支架上；电池用螺栓固定在机架上，作为电动滚筒和电动推杆的动力。

一种行李拖车与行李传送线间的接驳装置说明书

技术领域

本实用新型涉及物流领域，特别涉及机场、车站等行业的物流领域。

背景技术

在机场或车站，行李拖车卸下行李的地点，与行李传送线之间往往有段距离，现在都是旅客自己搬运，不仅增加旅客负担，而且影响现场秩序。

发明内容

机场或车站，行李拖车卸下行李后，用本发明将行李传送到行李传送线，方便旅客搬运行李，确保现场秩序井然。

一种行李拖车与行李传送线间的接驳装置，由电动滚筒皮带线总成、皮带线支架、皮带线高度提升装置、机架、定位装置、连接盖板和电池组成，其特征在于，电动滚筒皮带线总成支承在皮带线支架上，用螺栓连接，皮带线支架与皮带线高度提升装置上用销轴连接；皮带线高度提升装置与机架，用销轴连接；连接盖板装在机架上，用螺钉连接；电池用螺栓固定组成在机架上；所述电动滚筒皮带线总成由皮带、电器开关、行李导向筒、电动滚筒、连接板Ⅰ、把手、从动滚筒和滚筒支架组成，电动滚筒和从动滚筒装在滚筒支架上，皮带装在电动滚筒和从动滚筒上，连接板Ⅰ焊在滚筒支架上，行李导向筒装在滚筒支架上，用于行李导向；所述电器开关用于操纵电动滚筒运行和电动推缸动作；所述皮带线支架由钢管、连接板Ⅱ、U形板焊接而成，连接板Ⅱ与连接板Ⅰ用螺栓连接；所述皮带线高度提升装置由电动推缸Ⅰ、电动推缸Ⅱ、连杆组件组成，电动推缸Ⅰ的上部，与皮带线支架上1件U形板用销轴连接，下部与机架用销轴连接；所述连杆组件由轴承座、转轴、摆臂Ⅰ和摆臂Ⅱ组成，轴承座用螺栓紧固在机架上的轴承支架上；摆臂Ⅰ与皮带线支架上的2件U形板用销轴连接，摆臂Ⅱ与电动推缸Ⅱ用销轴连接；所述机架由骨架、全向轮、轴承座支架、支座Ⅰ、支座Ⅱ焊接而成，骨架由钢管、钢板和槽钢焊接而成，骨架上部有螺孔，螺钉将连接盖板与骨架连为一体；全向轮使该接驳装置在地上向任何方向移动；所述定位装置，由定位电动推杆、接叉、拉杆、座、轴和滚轮组成，固定在机架上；电动推杆和拉杆通过接叉装入销后连接，小轴焊在拉杆上，滚轮套在小轴上，滚轮可在导向槽内移动，导向槽固定在与传送线平行的支架上；电池用螺栓固定在机架上，作为电动滚筒和电动推杆的动力。

附图说明

图3-3-1是本实用新型的示意图。图中，电动滚筒皮带线总成1，皮带线支架2，皮带线高度提升装置3，机架4，定位装置5，连接盖板6，电池7。

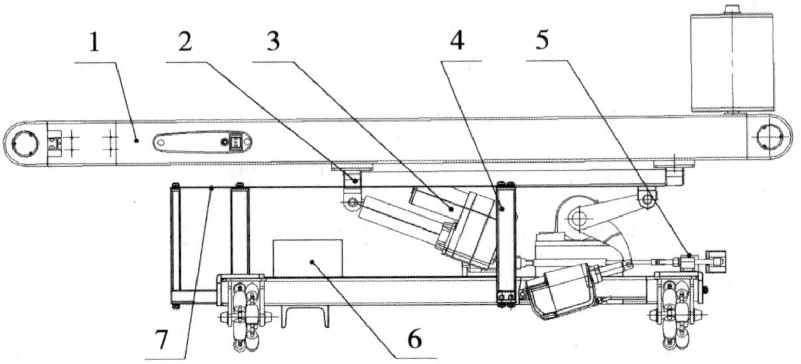

图3-3-1　接驳装置示意图

图3-3-2是本发明电动滚筒皮带线总成1示意图。

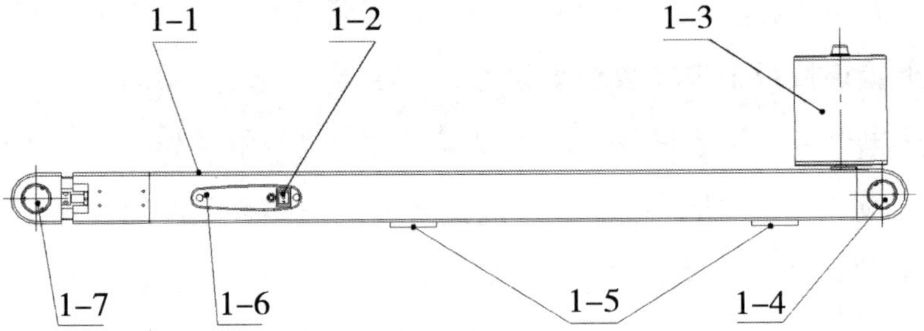

图3-3-2　电动滚筒皮带线总成1示意图

图3-3-3是本发明电动滚筒皮带线总成1侧视示意图。图中，皮带1-1，电器开关1-2，行李导向筒1-3，电动滚筒1-4，连接板Ⅰ1-5，把手1-6，从动滚筒1-7，滚筒支架1-8。

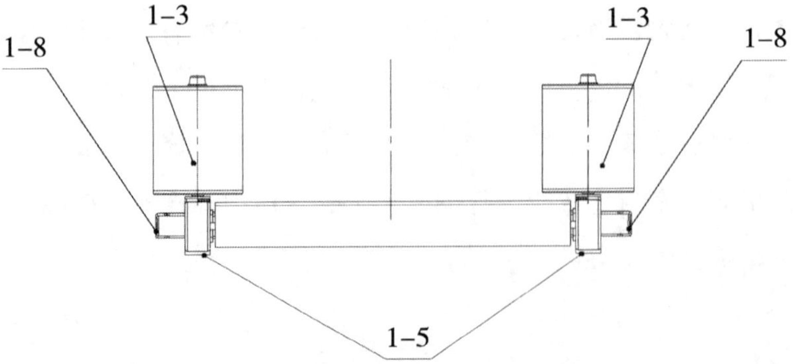

图3-3-3　电动滚筒皮带线总成1侧视示意图

图3-3-4是本发明皮带线支架2的示意图。

图3-3-5是本发明皮带线支架2的主示意图。

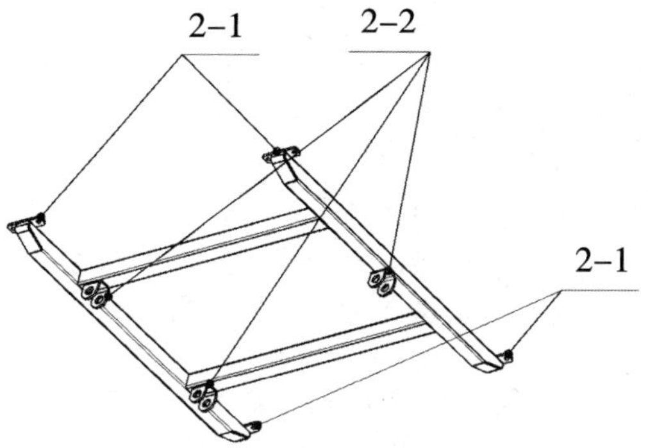

图3-3-4　皮带线支架2示意图

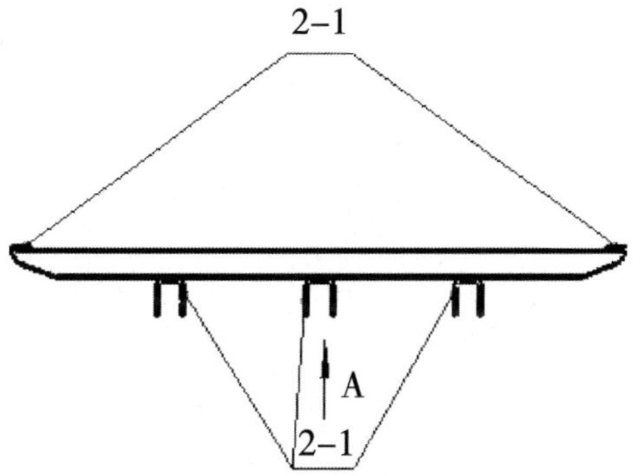

图3-3-5　皮带线支架2主示意图

图3-3-6是图3-3-5的A向视图。图中，皮带线支架由钢管、连接板Ⅱ2-1、U形板2-2焊接而成，钢板Ⅱ与连接板Ⅰ用螺栓连接，3件U形板皮带线高度提升装置3中的电动推杆相连接。

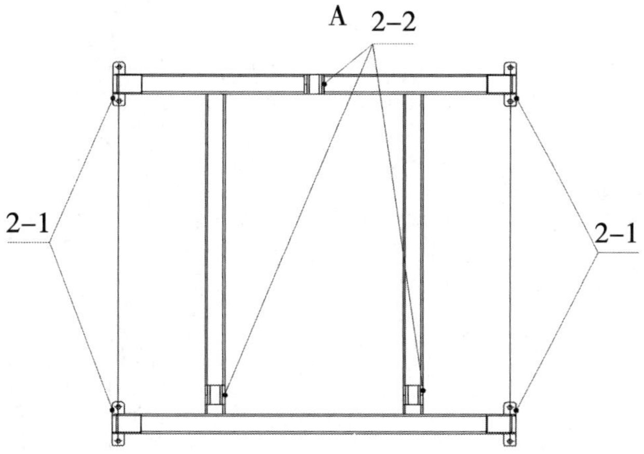

图3-3-6　皮带线支架2A向视图

图3-3-7是本发明皮带线高度提升装置3示意图。图中，电动推缸Ⅰ3-1，电动推缸Ⅱ3-2，连杆组件3-3，电动推缸Ⅰ和电动推缸Ⅱ的上部与皮带线支架上U形板2-2用销轴连接，下部与机架4用销轴连接。

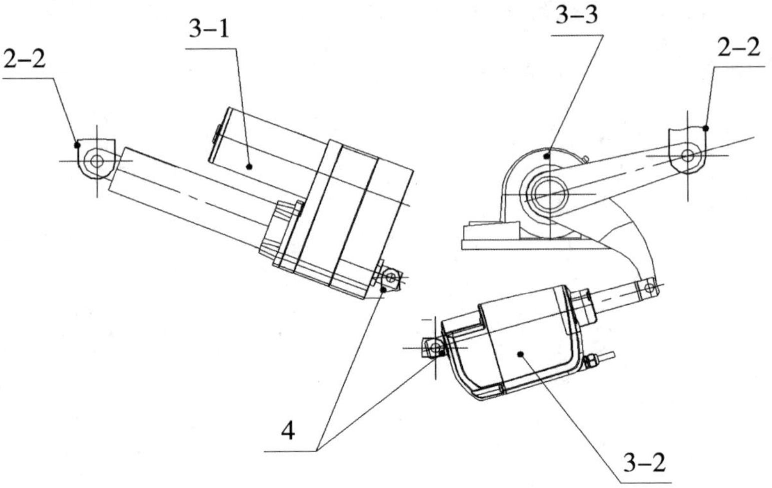

图3-3-7　皮带线高度提升装置3示意图

图3-3-8是本发明连杆组件3-3的结构示意图。图中，轴承座3-3-1，转轴3-3-2，摆臂Ⅰ3-3-3，摆臂Ⅰ与皮带线支架上的U形板用销轴连接，摆臂Ⅱ与电动推缸Ⅱ用销轴连接。

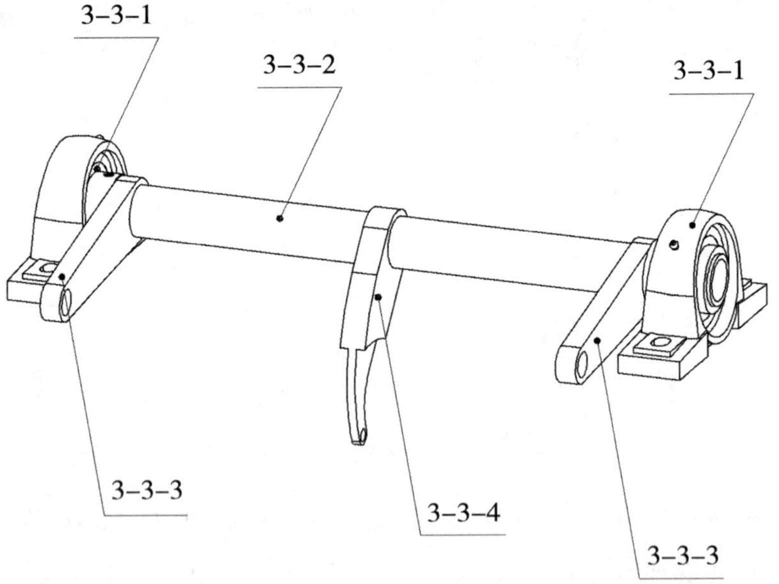

图3-3-8　连杆组件3-3结构示意图

图3-3-9是本发明机架4的结构示意图。图中，骨架4-1由钢管、钢板和槽钢焊接而成，4件全向轮4-2，轴承座支架4-3，电动推缸Ⅰ、电动推缸Ⅱ的支座Ⅰ4-4、支座Ⅱ4-5。

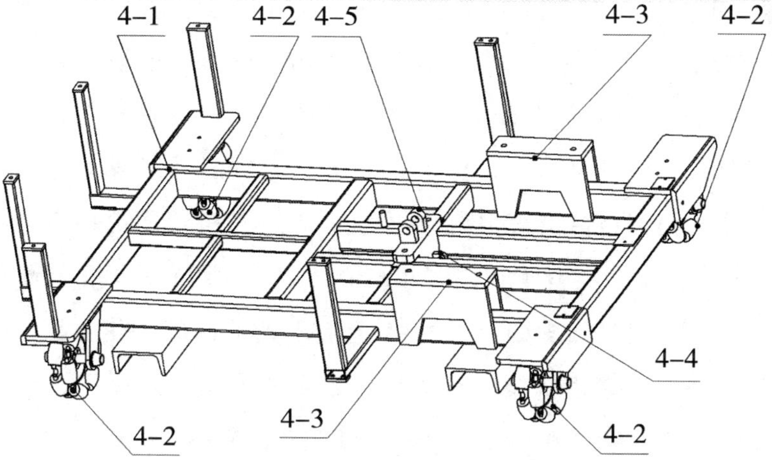

图3-3-9　机架4结构示意图

图3-3-10是本发明定位装置5的示意图。图中，定位电动推杆5-1支承在机架4上，右端接叉5-2与拉杆5-4用销轴连接，拉杆5-4支承在座5-3上，拉杆上焊有小轴5-5，滚轮5-6套在小轴上，滚轮可在导向槽内移动，导向槽固定在与传送线平行的支架上。

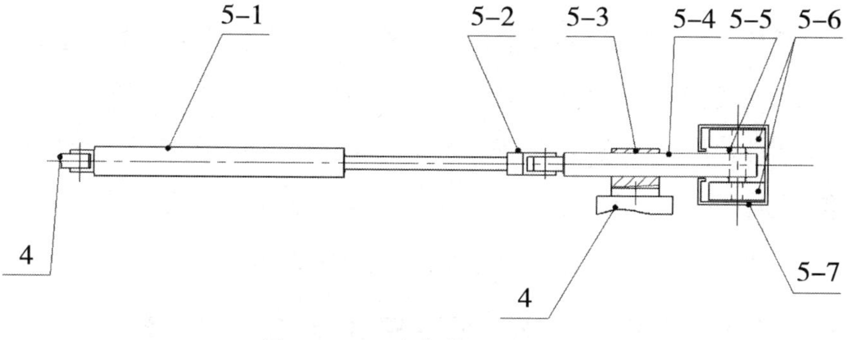

图3-3-10　定位装置5示意图

具体实施方式

一种行李拖车与行李传送线间的接驳装置，由电动滚筒皮带线总成、皮带线支架、皮带线高度提升装置、机架、定位装置、连接盖板和电池组成，其特征在于，电动滚筒皮带线总成支承在皮带线支架上，用螺栓连接，皮带线支架与皮带线高度提升装置上用销轴连接；皮带线高度提升装置与机架，用销轴连接；连接盖板装在机架上，用螺钉连接；电池用螺栓固定组成在机架上；所述电动滚筒皮带线总成由皮带、电器开关、行李导向筒、电动滚筒、连接板Ⅰ、把手、从动滚筒和滚筒支架组成，电动滚筒和从动滚筒装在滚筒支架上，皮带装在电动滚筒和从动滚筒上，连接板Ⅰ焊在滚筒支架上，行李导向筒装在滚筒支架上，用于行李导向；所述电器开关用于操纵电动滚筒运行和电动推缸动作；所述皮带线支架由钢管、连接板Ⅱ、U形板焊接而成，连接板Ⅱ与连接板Ⅰ用螺栓连接；所述皮带线高度提升装置由电动推缸Ⅰ、电动推缸Ⅱ、连杆组件组成，电动推缸Ⅰ的上部，与皮带线支架上1件U形板用销轴连接，下部与机架用销轴连接；所述连杆组件由轴承座、转轴、摆臂Ⅰ和摆臂Ⅱ组成，轴承座用螺栓紧固在机架上的轴承支架上；摆臂Ⅰ与皮带线支架上的2件U形板用销轴连接，摆臂Ⅱ与电动推缸Ⅱ用销轴连接；所述机架由骨架、全向轮、轴承座支架、支座Ⅰ、支座Ⅱ焊接而成，骨架由钢管、钢板和槽钢焊接而成，骨架上部有螺孔，螺钉将连接盖板与骨架连为一体；全向轮使本发明在地上向任何方向移动；所述定位装置，由定位电动推杆、接叉、拉杆、座、轴和滚轮组成，固定在机架上；电动推杆和拉杆通过接叉装入销后连接，小轴焊在拉杆上，滚轮套在小轴上，滚轮可在导向槽内移动，导向槽固定在与传送线平行的支架上。电池用螺栓固定在机架上，作为电动滚筒和电动推杆的动力。

电动滚筒皮带线总成的高度，根据行李传送线的高度，通过电动推缸Ⅰ、电动推缸Ⅱ的伸缩进行调节；松开定位电动推杆可使本装置沿行李传送线移动，到适当位置后，拉紧定位电动推杆锁定本装置。

工作过程如下，行李放在如图3-3-1所示本发明中电动滚筒皮带线总成的左面，行李随着皮带线运行到右面，经行李导向筒导向进入行李传送线。

本实用新型结构简单，制造使用方便，性价比高。

一种行李拖车与行李传送线间的接驳装置说明书摘要

一种行李拖车与行李传送线间的接驳装置，由电动滚筒皮带线总成、皮带线支架、皮带线高度提升装置、机架、定位装置、连接盖板和电池组成，电动滚筒皮带线总成支承在皮带线支架上；皮带线高度提升装置装在机架上；所述电动滚筒皮带线总成由皮带、电器开关、行李导向筒、电动滚筒、连接板Ⅰ、把手、从动滚筒和滚筒支架组成；所述皮带线高度提升装置由电动推缸Ⅰ、电动推缸Ⅱ、连杆组件组成；所述机架由骨架、全向轮、轴承座支架、支座Ⅰ、支座Ⅱ焊接而成；所述定位装置，由定位电动推杆、接叉、拉杆、座、轴和滚轮组成；电动滚筒皮带线总成的高度，根据行李传送线的高度，通过电动推缸Ⅰ、电动推缸Ⅱ的伸缩进行调节。摘要附图请见图3-3-1。

3.4 一种2个拨头的B级锁芯（201520474092.7）

一种2个拨头的B级锁芯权利要求书

一种2个拨头的B级锁芯，由钥匙、锁芯壳1-1、锁芯1-2、钥匙孔1-3、2个轴向挡圈1-5和拨头1-4所组成，其特征在于，2个锁芯装在锁芯壳内，用轴向挡圈限制锁芯轴向移动，拨头有2个拨块，支承在锁芯的外圆上，钥匙插入钥匙孔带动锁芯旋转时，拨头同时旋转，拨头上的2个拨块同时绕锁芯旋转，带动相关机构动作，实现锁舌开启或关闭。

一种2个拨头的B级锁芯说明书

技术领域

本实用新型专利涉及监狱安防领域，尤其涉及监狱中监室安防门用锁。

背景技术

监狱安防门原来一般采用的B级锁芯只有一个拨头，限制了B级锁芯用途的拓展。

发明内容

本发明的目的是提供一种新的锁芯，这种新的锁芯具有2个拨头，使锁的用途更广泛。

一种2个拨头的B级锁芯由钥匙、锁芯壳、锁芯、钥匙孔、2个轴向挡圈和拨块所组成，其特征在于，2个锁芯装在锁芯壳内，用轴向挡圈限制锁芯轴向移动，拨头有2个拨块，支承在锁芯的外圆上，钥匙插入钥匙孔带动锁芯旋转时，拨头同时旋转，拨头上的2个拨块同时绕锁芯旋转，带动相关机构动作，实现锁舌开启或关闭。

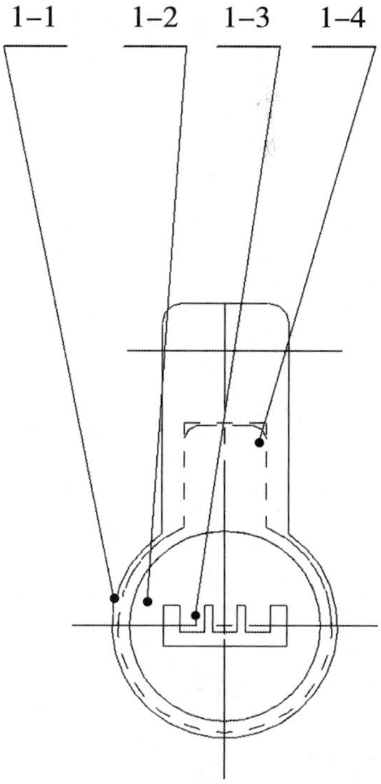

图3-4-1　原锁芯主视示意图

附图说明

图3-4-1是原锁芯的主视示意图。

图3-4-2是原锁芯的侧视示意图。

图3-4-3是原锁芯的A-A剖面示意图。

图3-4-1和图3-4-2中，锁芯壳1-1，锁芯

1-2，锁芯上有挡圈槽，锁芯可以在锁芯壳内旋转，钥匙孔1-3，拨头1-4，轴向挡圈1-5，2个锁芯分别从两端塞入锁芯壳孔中后，将轴向挡圈卡入锁芯上的挡圈槽内，锁芯在锁芯壳内只能转动不能轴向移动；拨头支承在锁芯端部的外圆上，用钥匙伸入钥匙孔至图3-4-3的槽中，钥匙转动，带动锁芯在锁芯壳内旋转并带动拨块同时旋转，带动相关机构动作，实现开锁动能。

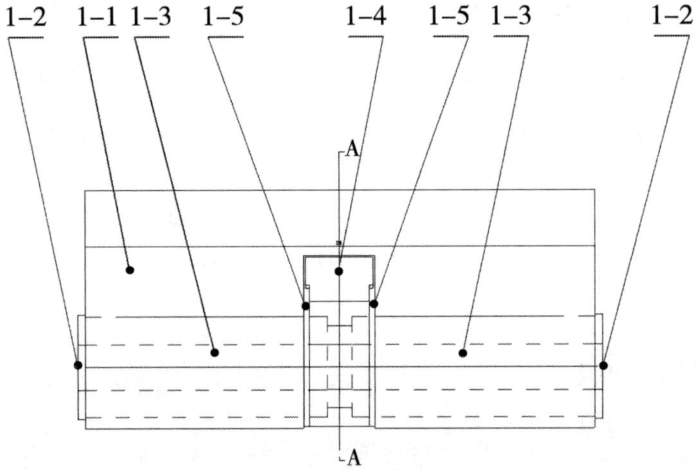

图3-4-2　原锁芯侧视示意图

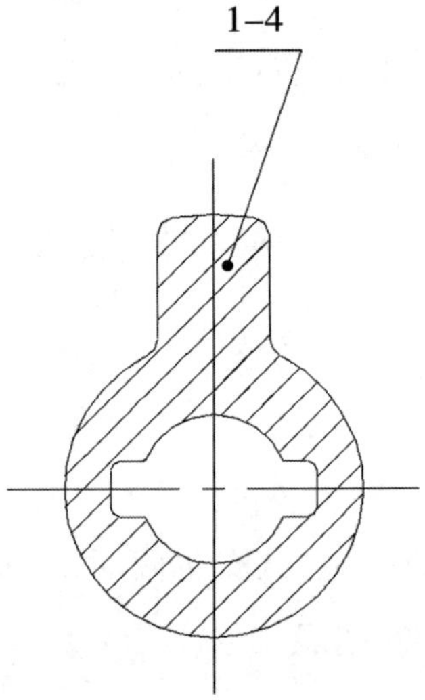

图3-4-3　原锁芯A-A剖面示意图

图3-4-4是实用新型的主视示意图。

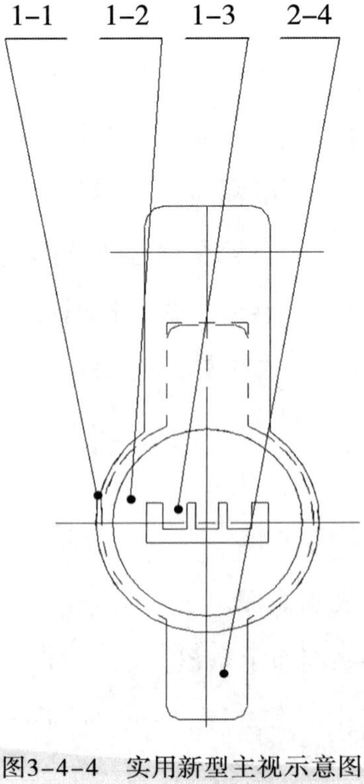

图3-4-4　实用新型主视示意图

图3-4-5是实用新型的侧视示意图。

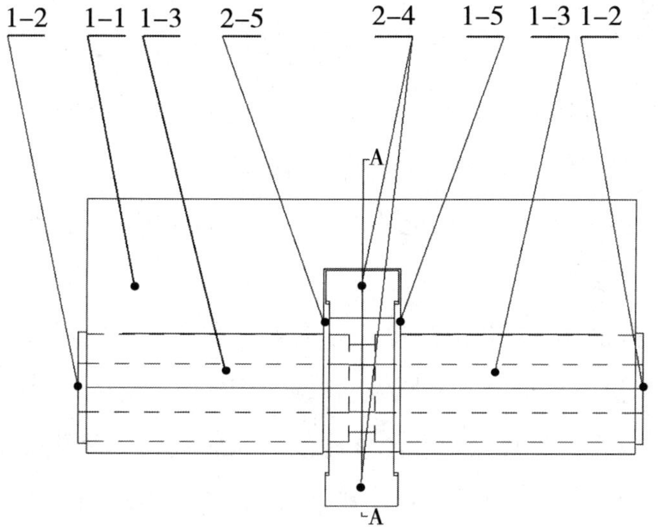

图3-4-5　实用新型侧视示意图

图3-4-6是实用新型的A-A剖面示意图。

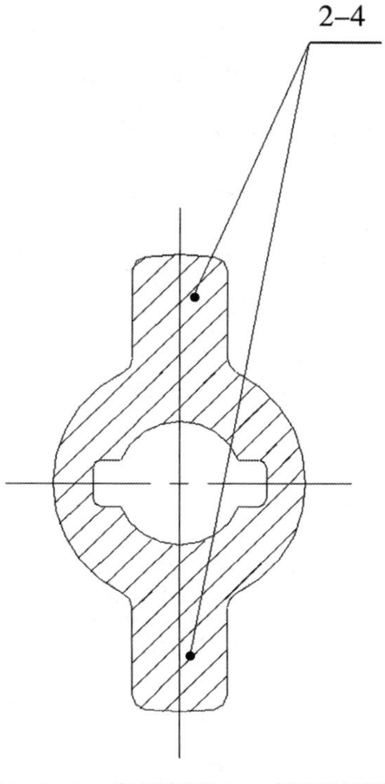

图3-4-6　实用新型A-A剖面示意图

本实用新型的基本结构与原结构基本相同，仅将原来拨块上的1个拨头改为2个拨头。图3-4-4和图3-4-5中，锁芯壳1-1，锁芯1-2，锁芯上有挡圈槽，钥匙孔1–3，拨头1–4，拨头中间有槽，轴向挡圈1–5。

具体实施方式

2个锁芯分别从两端装入锁芯壳的孔中，锁芯上有挡圈槽，分别将2个轴向挡圈卡入锁芯上的挡圈槽内，锁芯可以在锁芯壳内旋转而不能轴向移动，拨块支承在2个锁芯端部外圆上，拨块中间有槽，用钥匙伸入钥匙孔至图3–4–6的槽中，钥匙转动，带动锁芯在锁芯壳内旋转并带动拨块同时旋转，带动相关机构动作，实现开锁动能。

一种2个拨头的B级锁芯由钥匙、锁芯壳、锁芯、钥匙孔、2个轴向挡圈和拨块所组成，其特征在于，2个锁芯装在锁芯壳内，用轴向挡圈限制锁芯轴向移动，拨头有2个拨块，支承在锁芯的外圆上，钥匙插入钥匙孔带动锁芯旋转时，拨头同时旋转，拨头上的2个拨块同时绕锁芯旋转，带动相关机构动作，实现锁舌开启或关闭。

一种2个拨头的B级锁芯说明书摘要

一种2个拨头的B级锁芯，2个锁芯分别从两端装入锁芯壳的孔中，锁芯上有挡圈槽，分别将2个轴向挡圈卡入锁芯上的挡圈槽内，锁芯可以在锁芯壳内旋转而不能轴向移动，拨块支承在2个锁芯端部外圆上，拨块中间有槽 ，用钥匙伸入钥匙孔至图6的槽中，钥匙转动，带动锁芯在锁芯壳内旋转并带动拨块同时旋转，带动相关机构动作，实现开锁动能。摘要附图请见图3–4–5。

3.5 一种新结构的减振转子(202220018066.3)

一种新结构的减振转子权利要求书

一种新结构的减振转子，由外转子组件1和内转子组件2组成，其特征在于，外转子组件套装在内转子组件上；所述外转子组件由2组第一外转子铁芯1-1和1组第二外转子铁芯1-2扣压后粘贴永磁体磁瓦并用PBT包塑组成，第一外转子铁芯和第二外转子铁芯均由冲片叠成，外转子铁芯由两种外形的冲片叠压而成，形成内台阶铁芯；所述外转子铁芯外表面沿外圆周角设置有定位齿，相邻两个齿内放一片永磁体磁瓦，永磁体磁瓦的数量为4以上的偶数；所述内转子组件由1组第一内转子铁芯2-1和2组第二内转子铁芯2-2扣压后组成，所述第一内转子铁芯和第二内转子铁芯均由冲片叠成，内转子铁芯由两种外形的冲片叠压而成，形成外台阶铁芯；外转子铁芯与内转子铁芯间留有间隙，在间隙内填充弹性注塑橡胶。

一种新结构的减振转子说明书

技术领域

本实用新型涉及电机设计技术领域，尤其涉及永磁直流无刷电机设计技术领域。

背景技术

现有技术中，减振转子一般外转子和内转子凸台用橡胶间隔，仅仅用于小功率电机上，电机长期运转后，橡胶磨损造成转子轴向移位和径向间隙。

发明内容

本实用新型是为了解决现有技术的不足，提供一种橡胶减振转子，这种减振转子轴向强度大、不易移位、径向扭力大。

一种新结构的减振转子，由外转子组件和内转子组件组成，其特征在于，外转子组件套装在内转子组件上；所述外转子组件由2组第一外转子铁芯和1组第二外转子铁芯扣压后，粘贴永磁体磁瓦并用PBT包塑组成，第一外转子铁芯和第二外转子铁芯均由冲片叠成，外转子铁芯由两种外形的冲片叠压而成，形成内台阶铁芯；所述外转子铁芯外表面沿外圆周角设置有定位齿，相邻两个齿内放一片永磁体磁瓦，永磁体磁瓦的数量为4以上的偶数；所述内转子组件由1组第一内转子铁芯和2组第二内转子铁芯扣压后组成，所述第一内转子铁芯和第二内转子铁芯均由冲片叠成，内转子铁芯由两种外形的冲片叠压而成，形成外台阶铁芯；外转子铁芯组件与内转子铁芯组件间留有间隙，在间隙内填充弹性注塑橡胶。

附图说明

图3-5-1是本实用新型的剖面示意图。

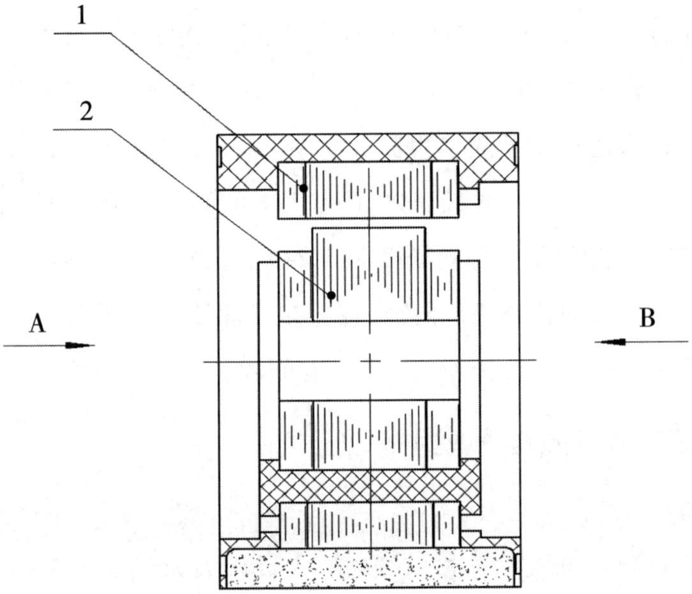

图3-5-1　减振转子剖面示意图

图3-5-2是图3-5-1的A向视图。

图3-5-3是图3-5-1的B向视图。图中，外转子组件1，内转子组件2。

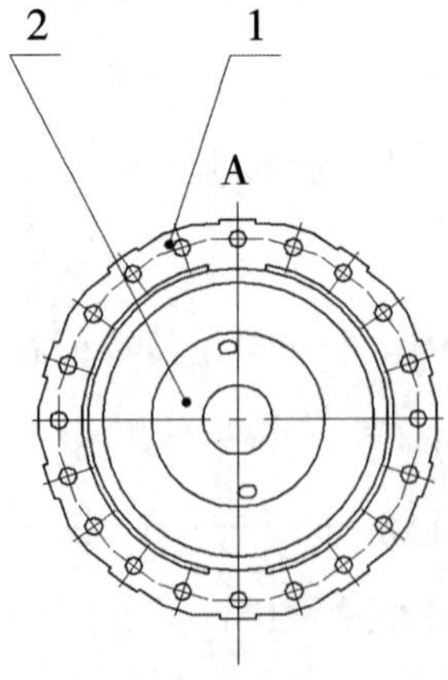

图3-5-2　减振转子A向视图

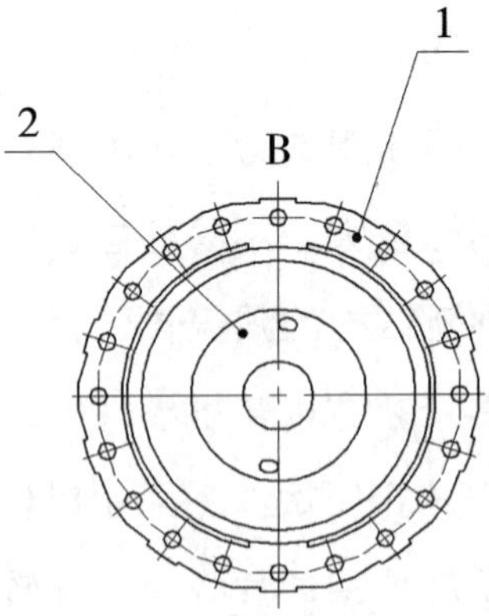

图3-5-3　减振转子B向视图

图3-5-4是外转子组件1的剖面示意图。

图3-5-5是外转子组件1的侧面示意图。图中，第一外转子铁芯1-1，PBT包塑1-2，磁瓦永磁体1-3。

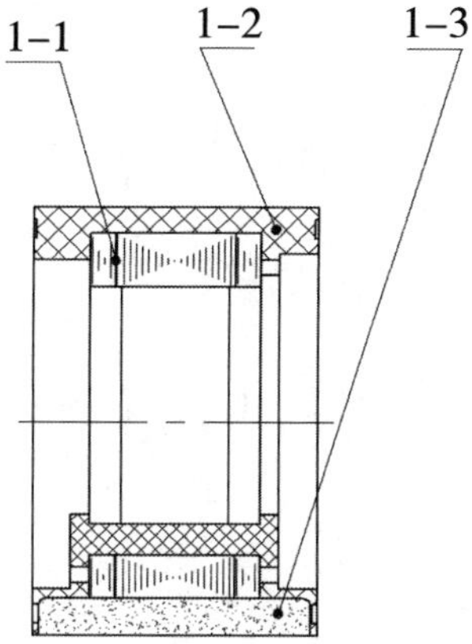

图3-5-4　外转子组件1剖面示意图

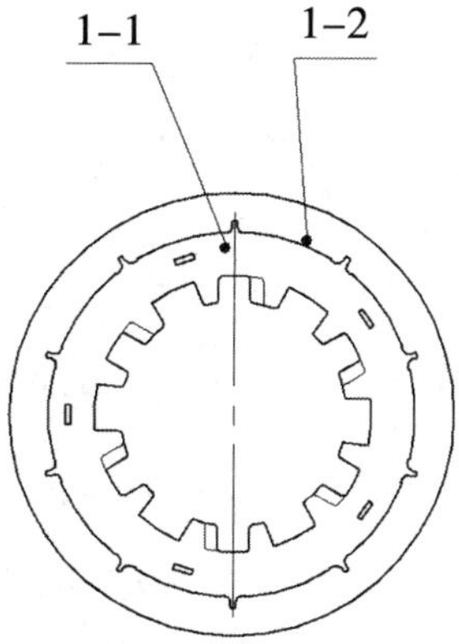

图3-5-5　外转子组件1侧面示意图

图3-5-6是第一外转子铁芯1-1的剖面示意图。

图3-5-7是第一外转子铁芯1-1的侧面示意图。图中，第一外转子铁芯（1）1-1-1，第一外转子铁芯（2）1-1-2。

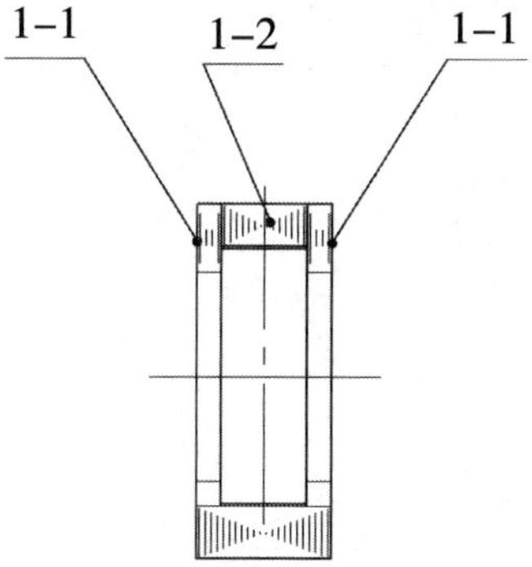

图3-5-6　第一外转子铁心1-1剖面示意图

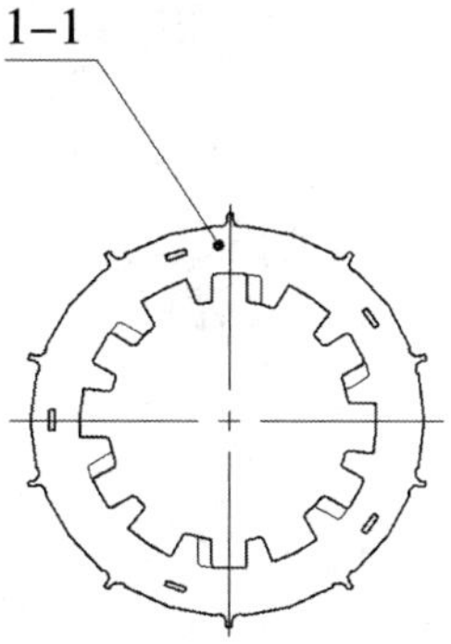

图3-5-7　第一外转子铁心1-1侧面示意图

图3-5-8是第一外转子铁芯冲片1-1-1的示意图。图中，第一外转子铁芯（1）1-1-1，凸台A1，凸台A2，扣压点A3，A4。

图3-5-9是第一外转子铁芯冲片1-1-2的示意图。图中，第一外转子铁芯（1）1-1-2，凸台B1，凸台B2，扣压点B3，B4。

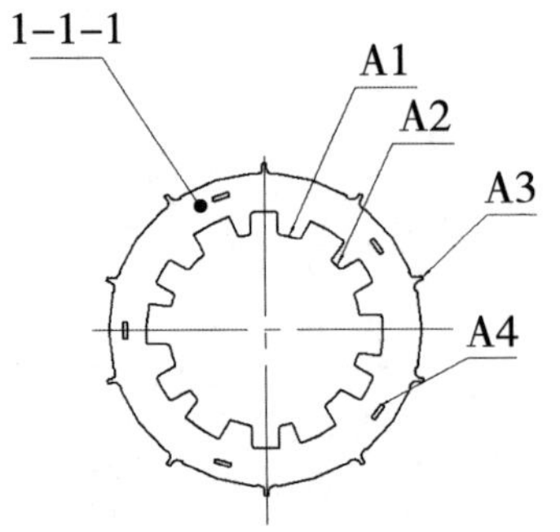

图3-5-8 第一外转子铁心冲片1-1-1示意图

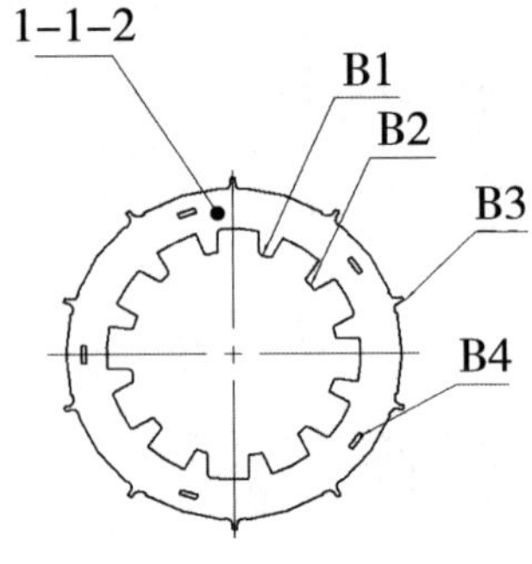

图3-5-9 第一外转子铁心冲片1-1-2示意图

图3-5-10是内转子组件2的剖面示意图。图中，第一内转子铁芯2-1，第二内转子铁芯2-2；第一内转子铁芯和第二内转子铁芯由冲片叠加而成。

图3-5-11是第一内转子铁芯2-1示意图上有凸台C1，扣压点C2，腰形槽C3。

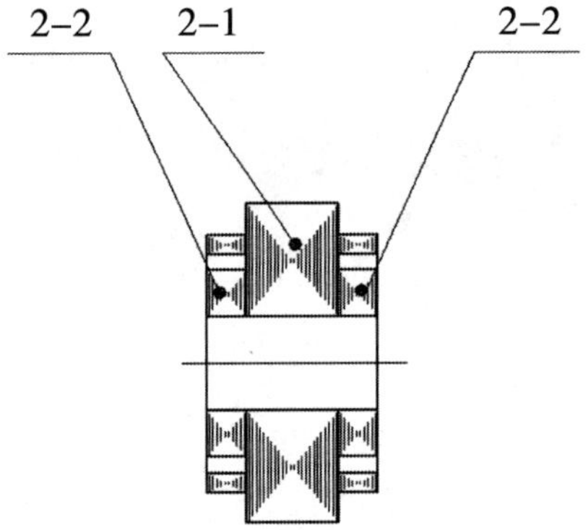

图3-5-10 内转子组件2剖面示意图

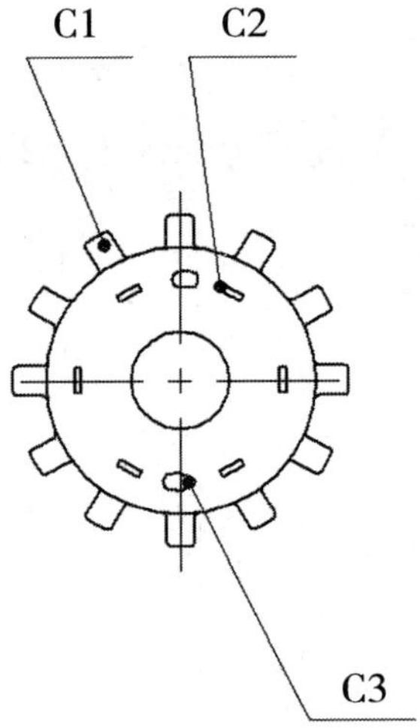

图3-5-11 第一内转子铁芯2-1示意图

图3-5-12是第二内转子铁芯2-2示意图，上有扣压点D1，腰形槽D2。

图3-5-13是外转子组件1、内转子组件2组合后示意图。

图3-5-14是外转子组件1，内转子组件2组合后，内转子铁芯旋转一定角度在外转子铁芯内最后位置的示意图。

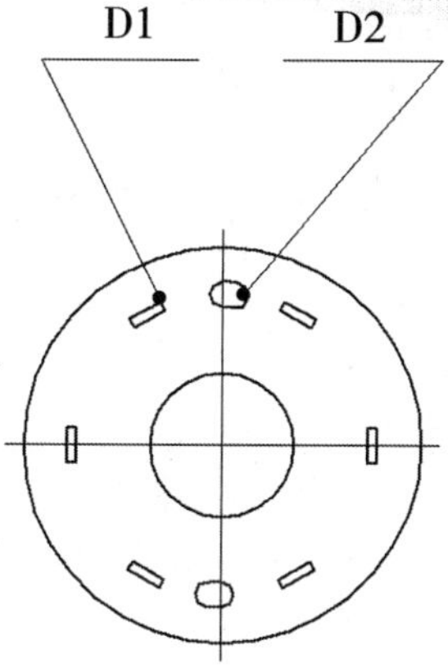

图3-5-12　第二内转子铁芯2-2示意图

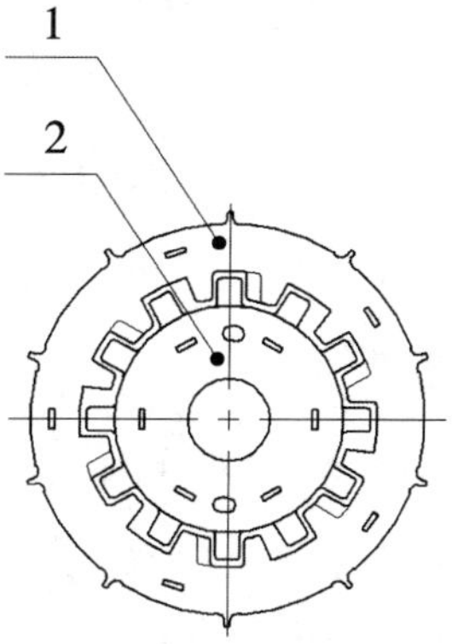

图3-5-13　外转子组件1、内转子组件2组合后示意图

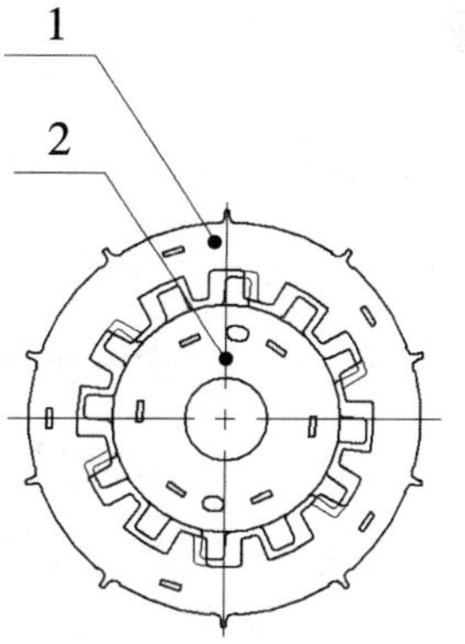

图3-5-14　内转子铁芯旋转一定角度在外转子铁芯内最后位置示意图

具体实施方式

对照附图进一步说明：

如图3-5-1～图3-5-3所示，本实用新型由第一外转子组件1和第二内转子组件2组合而成。

如图3-5-4、图3-5-5所示，第一外转子组件由外转子铁芯1-1、PBT包塑1-2、磁瓦永磁体1-3组成。

如图3-5-6、图3-5-7所示，外转子铁芯由第一外转子铁芯1-1和第二外转子铁芯1-2组成。

如图3-5-8、图3-5-9所示，第一外转子铁芯1上有凸台B1，凸台B2，扣压点B3。

如图3-5-10～图3-5-12所示，第一内转子铁芯2-1，第二内转子铁芯2-2；扣压点D1，腰形槽D2。

一种新结构的减振转子，由外转子组件和内转子组件组成，外转子组件套装在内转子组件上；外转子组件由2组第一外转子铁芯1-1和第二外转子铁芯1-2扣压后粘贴永磁体磁瓦并用PBT包塑组成，第一外转子铁芯和第二外转子铁芯均由冲片叠成，外转子铁芯由两种外形的冲片叠压而成，形成内台阶铁芯；外转子铁芯外表面沿外圆周角设置有定位齿，相邻两个齿内放一片永磁体磁瓦，永磁体磁瓦的数量为4以上的偶数；所述内转子组件由1组第一内转子铁芯2-1和2组第二内转子铁芯2-2扣压后后组成，所述第一内转子铁芯和第二内转子铁芯均由冲片叠成，内转子铁芯由两种外形的冲片叠压而成，形成外台阶铁芯。

外转子铁芯内部有2种不同的凸台，凸台数量为4以上的偶数；与转子外部的凸台数量相同，内转子凸台正好从外转子内部的凹槽放入，旋转一定的角度使内转子的一半凸台正好落入外转子凸台内；外转子铁芯与内转子铁芯两凸台间留有间隙，在间隙内填充弹性注塑橡胶。

内转子表面铁芯设置2个腰形孔D2与模具定位针配合，旋转后内转子铁芯，使腰形孔的一边与模具定位针重合，此时内转子一半凸台正好在外转子凸台中间，且保证各凸台间留有一定的间隙填充注塑橡胶。

本发明采用上述结构后，具有如下有益效果：

（1）转子外铁芯与磁瓦采用PBT包塑，具有工艺简单、固定牢固，并具有绝缘效果；

（2）转子的内铁芯和外铁芯多个凸台相间，内外转子间可旋转角度小，填充橡胶壁厚均匀，具有较大的旋转转矩；

（3）转子的轴向方向，转子外铁芯台阶挡住转子内铁芯，转子具有较大的轴向力；

（4）转子的内铁芯和外铁芯采用橡胶隔离，由于在轴向和径向方向均有橡胶减振，能有效减少电机的振动，降低电机负载噪声。

一种新结构的减振转子说明书摘要

一种新结构的减振转子，由外转子组件和内转子组件组成，外转子组件套装内转子组件上；外转子组件由2组第一外转子铁芯1-1和1组第二外转子铁芯1-2扣压后粘贴永磁体磁瓦并用PBT包塑组成；所述内转子组件由1组第一内转子铁芯2-1和2组第二内转子铁芯2-2扣压后后组成；外转子铁芯内部有2种不同的凸台，凸台数量为4以上的偶数；与转子外部的凸台数量相同，内转子凸台正好从外转子内部的凹槽放入，旋转一定的角度使内转子的一半凸台正好落入外转子凸台内；外转子铁芯与内转子铁芯两凸台间留有间隙，在间隙内填充弹性注塑橡胶。摘要附图请见图3-5-1。

3.6 一种金属外壳尖劈阵列式消声器（201920066824.7）

一种金属外壳尖劈阵列式消声器权利要求书

一种金属外壳尖劈阵列式消声器，由槽钢外框1、支架2、非金属外壳内框3和金属外壳尖劈式的消声单元4组成，其特征是槽钢外框焊成一体，非金属内框充填玻璃棉后装入槽钢外框，支架用紧固件固定在槽钢外框上，金属外壳尖劈式消声器单元成阵列式布置，用紧固件固定在支架上，所述金属外壳尖劈式的消声单元由孔板制作，两端为尖劈式，孔板与玻璃棉接触的一面粘贴有防水平纹玻璃纤维布，尖劈式的消声单元内充填玻璃棉。

一种金属外壳尖劈阵列式消声器说明书

技术领域

本实用新型涉及消声器设计领域，特别涉及有防腐要求的消声器设计领域。

背景技术

目前消声器外形大多圆形或椭圆形，制造工艺较为复杂，且进气时存在阻力。

发明内容

本发明就是为了克服进气存在阻力的缺点，使生产制造更为方便。

一种金属外壳尖劈阵列式消声器，由槽钢外框、支架、非金属外壳内框和金属外壳尖劈式的消声单元组成，其特征是槽钢外框焊成一体，非金属内框充填玻璃棉后装入槽钢外框，支架用紧固件固定在槽钢外框上，金属外壳尖劈式消声器单元成阵列式布置，用紧固件固定在支架上，所述金属外壳尖劈式的消声单元由孔板制作，两端为尖劈式，孔板与玻璃棉接触的一面粘贴有防水平纹玻璃纤维布，尖劈式的消声单元内充填玻璃棉。

附图说明

图3-6-1是本实用新型的结构示意图。图3-6-1中，槽钢外框1，由槽钢焊接而成；支架2，非金属外壳内框3内充填玻璃棉，金属外壳尖劈式的消声单元4。

图3-6-2本实用新型的A-A剖面示意图。图3-6-2中，槽钢外框1，由槽钢焊接而成；支架2，非金属外壳内框3内充填玻璃棉，金属外壳尖劈式的消声单元外壳4－1由孔板制作，孔板与玻璃棉接触的一面粘贴有防水平纹玻璃纤维布，尖劈式的消声单元内充填玻璃棉。

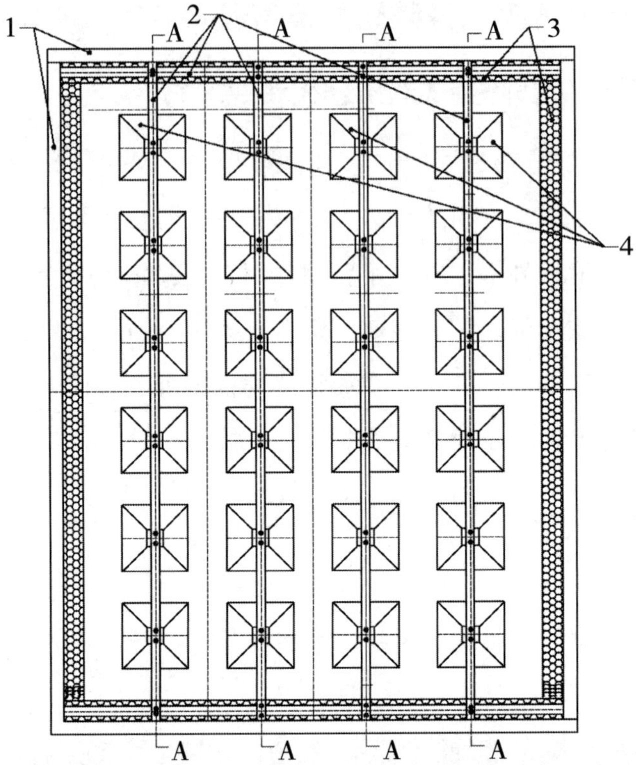

图3-6-1　列式消声器结构示意图

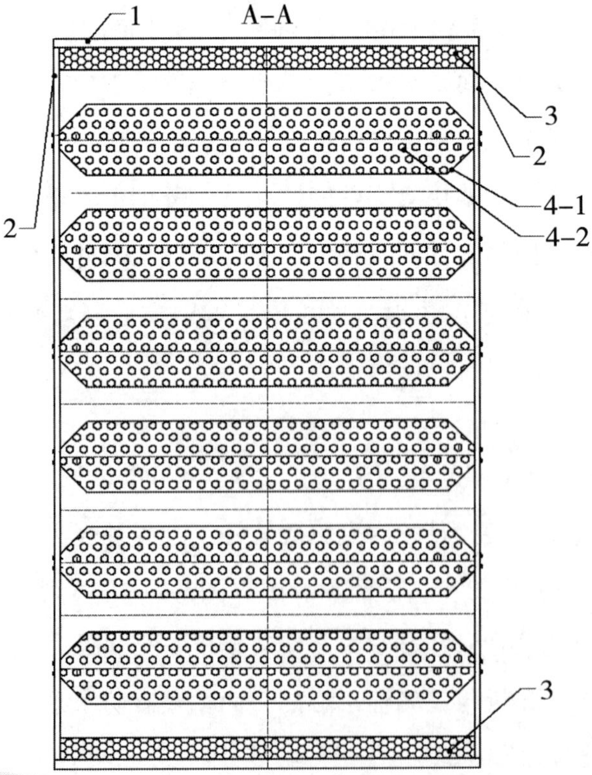

图3-6-2　列式消声器A-A剖面示意图

具体实施方式

一种金属外壳尖劈阵列式消声器，由槽钢外框、支架、非金属外壳内框和金属外壳尖劈式的消声单元组成，其特征是槽钢外框焊成一体，非金属内框充填玻璃棉后装入槽钢外框，支架用紧固件固定在槽钢外框上，金属外壳尖劈式消声器单元成阵列式布置，用紧固件固定在支架上，所述金属外壳尖劈式的消声单元由孔板制作，两端为尖劈式，孔板与玻璃棉接触的一面粘贴有防水平纹玻璃纤维布，尖劈式的消声单元内充填玻璃棉。由于进气为尖劈式起导流作用，阻力小，效率高。

一种金属外壳尖劈阵列式消声器说明书摘要

一种金属外壳尖劈阵列式消声器，由槽钢外框1、支架2、非金属外壳内框3和金属外壳尖劈式的消声单元4组成，其特征是槽钢外框焊成一体，非金属内框充填玻璃棉后装入槽钢外框，支架用紧固件固定在槽钢外框上，金属外壳尖劈式消声器单元成阵列式布置，用紧固件固定在支架上，所述金属外壳尖劈式的消声单元由孔板制作，两端为尖劈式，孔板与玻璃棉接触的一面粘贴有防水平纹玻璃纤维布，尖劈式的消声单元内充填玻璃棉。由于进气为尖劈式起导流作用，阻力小，效率高。摘要附图请见图3-6-2。

4. 制造技术

4.1 一种圆周多件夹紧装置(202222391611.6)

一种圆周多件夹紧装置权利要求书

一种圆周多件夹紧装置，由底板1、夹紧盘2、滑块座3、盖板4、滑块组件5、定位心轴组件6、气缸组件7和底盘8所组成，其特征在于，滑块座、夹紧盘和底盘上的大孔同轴，底盘用螺钉固定在底板上，定位心轴组件将滑块座、夹紧盘、底盘连为一体，定位心轴组件中的定位销插入滑块座的定位槽内，滑块组件装在滑块座槽内，盖板用螺钉紧固在滑块座的上平面上，滑块组件装在滑块座槽内滑动并无明显间隙；气缸组件用螺钉紧固在底板上；所述夹紧盘套在滑块座上的外止口上，总装后能转动，夹紧盘上有等分弧形槽和与气缸组件连接的销孔，滑块组件上的拨销伸在等分的阿基米德螺旋槽中；所述滑块座中有2种不同宽度尺寸的滑槽，另有等分螺孔、腰形孔、定位槽，下部有外止口；所述盖板上有等分孔，螺钉穿过等分孔将盖板紧固在滑块座上；所述滑块组件由拨销、滑块Ⅰ、压缩弹簧和滑块Ⅱ组成，拨销装在滑块Ⅱ孔中，压缩弹簧装在滑块Ⅰ、滑块Ⅱ的孔中；所述滑块Ⅱ左端有用于夹紧工件的圆弧，右端有装压缩弹簧的孔和槽；所述滑块Ⅰ左端有用于装压缩弹簧的孔、凸台，右端有销孔，滑块Ⅰ上的凸台装入滑块Ⅱ的槽中；所述心轴组件由定位心轴、定位销、垫圈、圆螺母组成，定位销装在定位心轴的孔中，定位心轴上部有用于工件定位的圆弧；所述气缸组件由气缸止推座、气缸垫板、气缸、气缸连接头、气缸销轴组成，气缸止推座、气缸垫板、气缸、气缸连接头用螺钉连为一体后用螺钉紧固地底板上，气缸销轴将气缸连接头与夹紧盘连为一体。

一种圆周多件夹紧装置说明书

技术领域

本发明涉及机械制造领域，特别涉及金属切削加工技术领域。

背景技术

在机械加工过程中，特别在加工中心上加工小件时，为了减少辅助时间，必须设计制造多件装夹工装。

发明内容

本发明就是设计、制造一种结构简单、制造方便的多件夹紧装置，减少辅助时间，提高加工效率。

一种圆周多件夹紧装置，由底板、夹紧盘、滑块座、盖板、滑块组件、定位心轴组件、气缸组件和底盘所组成，其特征在于，滑块座、夹紧盘和底盘上的大孔同轴，底盘用螺钉固定在底板上，定位心轴组件将滑块座、夹紧盘、底盘连为一体，定位心轴组件中的定位销插入滑块座的定位槽内，滑块组件装在滑块座槽内，盖板用螺钉紧固在滑块座的上平面上，滑块组件装在滑块座槽内滑动并无明显间隙；气缸组件用螺钉紧固在底板上；所述夹紧盘套在滑块座上的外止口上，总装后能转动，夹紧盘上有等分弧形槽和与气缸组件连接的销孔，滑块组件上的拨销伸在等分的阿基米德螺旋槽中；所述滑块座中有2种不同宽度尺寸的滑槽，另有等分螺孔、腰形孔、定位槽，下部有外止口；所述盖板上有等分孔，螺钉穿过等分孔将盖板紧固在滑块座上；所述滑块组件由拨销、滑块Ⅰ、压缩弹簧和滑块Ⅱ组成，拨销装在滑块Ⅱ孔中，压缩弹簧装在滑块Ⅰ、滑块Ⅱ的孔中；所述滑块Ⅱ左端有用于夹紧工件的圆弧，右端有装压缩弹簧的孔和槽；所述滑块Ⅰ左端有用于装压缩弹簧的孔、凸台，右端有销孔，滑块Ⅰ上的凸台装入滑块Ⅱ的槽中；所述心轴组件由定位心轴、定位销、垫圈、圆螺母组成，定位销装在定位心轴的孔中，定位心轴上部有用于工件定位的圆弧；所述气缸组件由气缸止推座、气缸垫板、气缸、气缸连接头、气缸销轴组成，气缸止推座、气缸垫板、气缸、气缸连接头用螺钉连为一体后用螺钉紧固地底板上，气缸销轴将气缸连接头与夹紧盘连为一体。

附图说明

图4-1-1是本发明的俯视示意图。

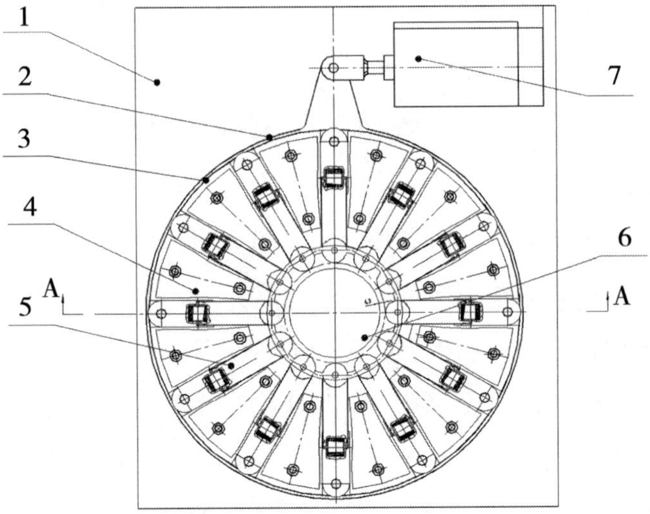

图4-1-1　圆周多件夹紧装置俯视示意图

图4-1-2是图4-1-1的A-A剖面示意图。图中，底板1，夹紧盘2，滑块座3，盖板4，滑块组件5，定位心轴组件6，气缸组件7，底盘8。

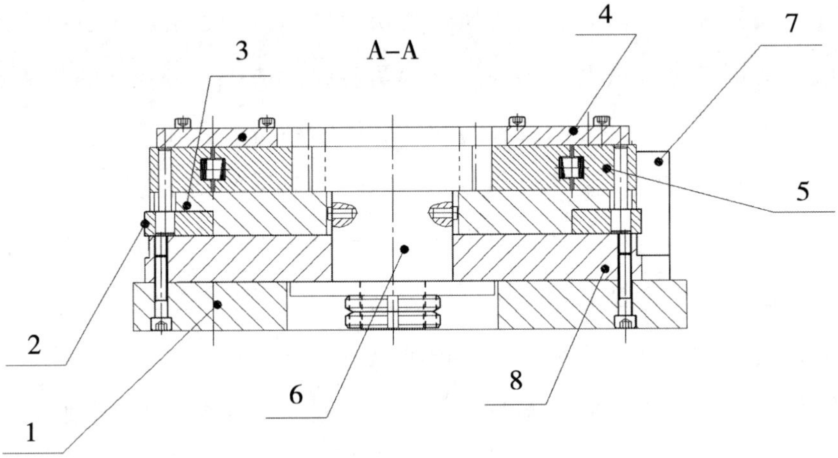

图4-1-2　圆周多件夹紧装置A-A剖面示意图

图4-1-3是本发明中夹紧盘的俯视示意图。

图4-1-4是图4-1-3的B-B剖面示意图。图中，夹紧盘中有大孔A，阿基米德螺旋槽B和小孔C。

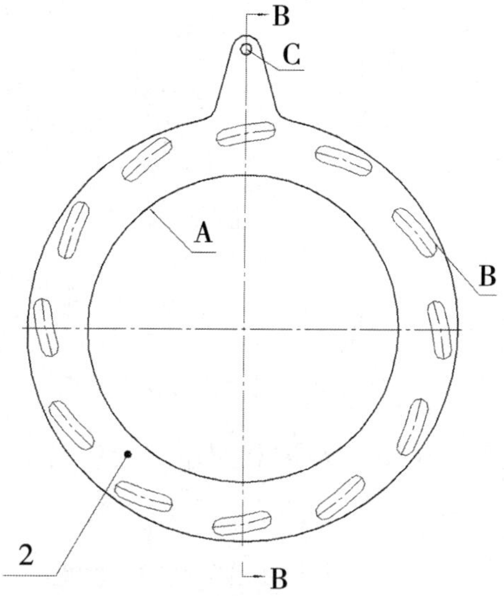

图4-1-3　夹紧盘俯视示意图

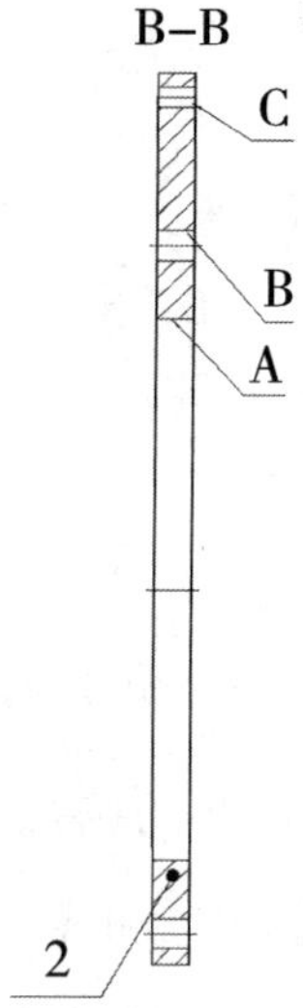

图4-1-4　夹紧盘B-B剖面示意图

图4-1-5是本发明中滑块座的俯视示意图。

图4-1-6是图4-1-5的C-C剖面示意图。图中，滑块座中有2种不同宽度尺寸的滑槽D，螺孔F，腰形孔E，定位槽S，下部有外止口。

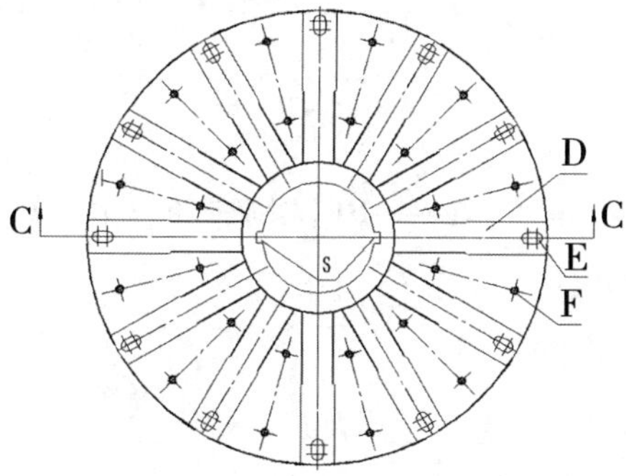

图4-1-5　滑块座俯视示意图

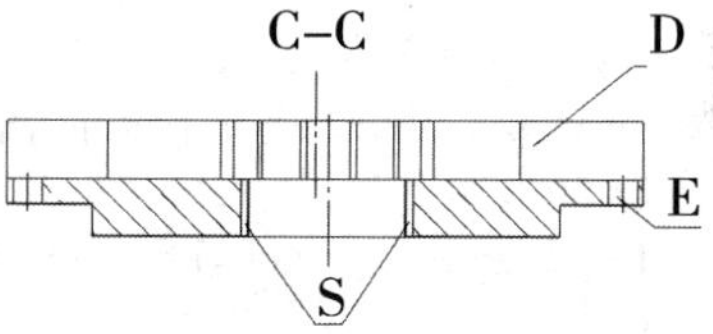

图4-1-6　滑块座C-C剖面示意图

图4-1-7是本发明中滑块组件的俯视示意图。

图4-1-8是图4-1-7的D-D剖面示意图。图中拨销5-1，滑块Ⅰ5-2，压缩弹簧5-3，滑块Ⅱ5-4。

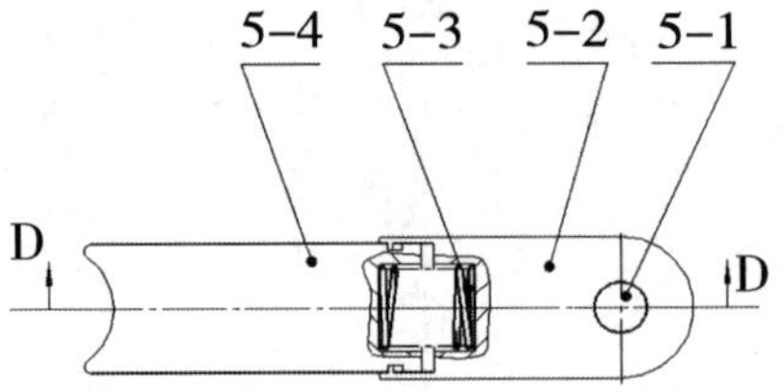

图4-1-7　滑块组件俯视示意图

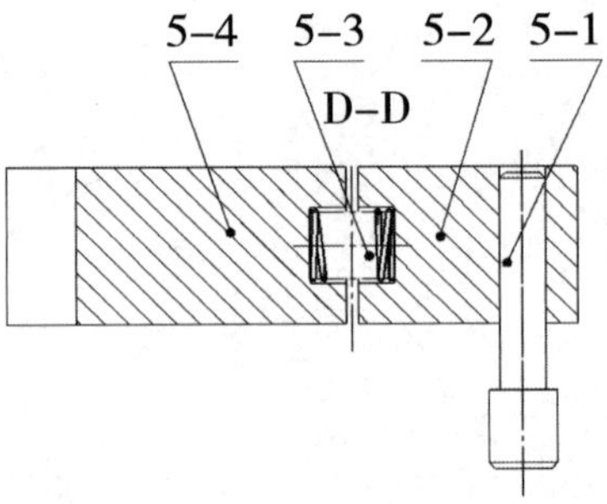

图4-1-8　滑块组件D-D剖面示意图

图4-1-9是滑块Ⅱ的俯视图示意图。图中，左端有用于夹紧工件的圆弧，右端有装压缩弹簧的孔H1和槽G1。

图4-1-10是滑块Ⅰ的俯视示意图。图中，左端有用于装压缩弹簧的孔H2和凸台G2，右端有销孔L。

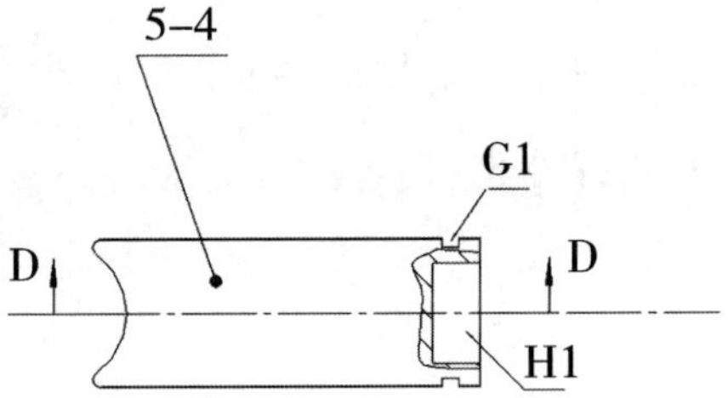

图4-1-9　滑块Ⅱ俯视示意图

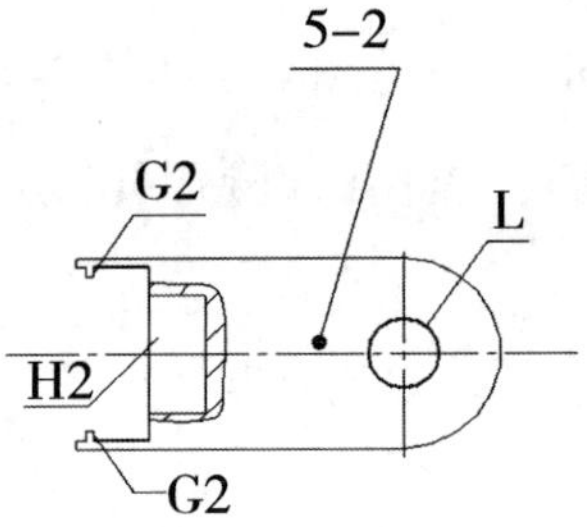

图4-1-10　滑块Ⅰ俯视示意图

图4-1-11是定位心轴组件的主视示意图。

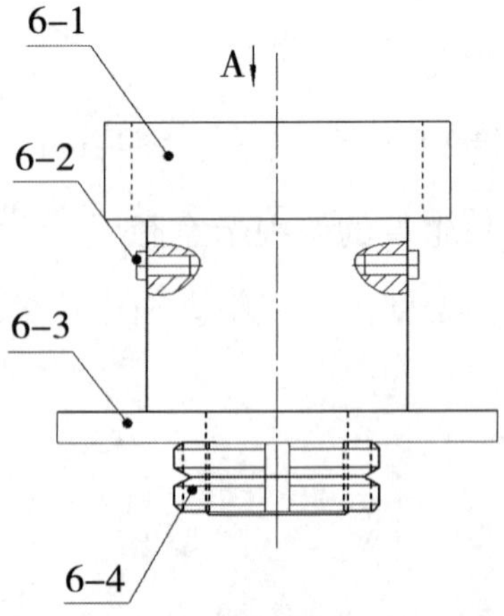

图4-1-11　定位心轴组件主视示意图

图4-1-12是定位心轴组件的A向视图。图中，定位心轴6-1，定位销6-2，垫圈6-3，圆螺母6-4；定位销装在定位心轴的孔中，定位心轴上部有用于工件定位的圆弧。

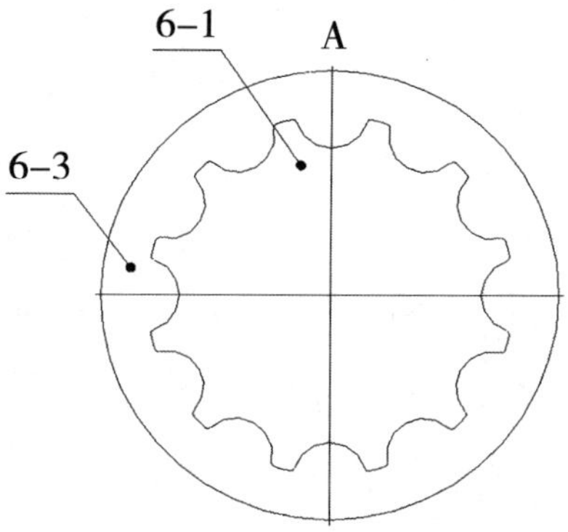

图4-1-12 定位心轴组件A向视图

图4-1-13是气缸组件的俯视示意图。图中，气缸止推座7-1，气缸垫板7-2，气缸7-3，气缸连接头7-4，气缸销轴7-5。

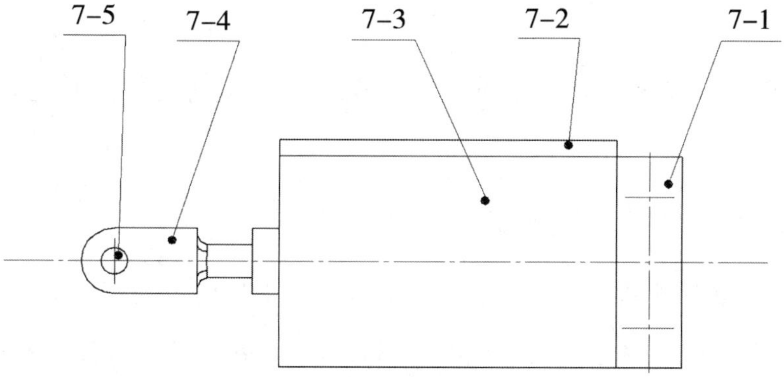

图4-1-13 气缸组件俯视示意图

具体实施方式

一种圆周多件夹紧装置，由底板、夹紧盘、滑块座、盖板、滑块组件、定位心轴组件、气缸组件和底盘所组成，其特征在于，滑块座、夹紧盘和底盘上的大孔同轴，底盘用螺钉固定在底板上，定位心轴组件将滑块座、夹紧盘、底盘连为一体，定位心轴组件中的定位销插入滑块座的定位槽内，滑块组件装在滑块座槽内，盖板用螺钉紧固在滑块座的上平面上，滑块组件装在滑块座槽内滑动并无明显间隙；气缸组件用螺钉紧固在底板上；所述夹紧盘套在滑块座上的外止口上，总装后能转动，夹紧盘上有等分阿基米德螺旋槽和与气缸组件连接的销孔，滑块组件上的拨销伸在等分阿基米德螺旋槽中；所述滑块座中有2种不同宽度尺寸的滑槽，另有等分螺孔、腰形孔、定位槽，下部有外止口；所述盖板上有等分孔，螺钉穿过等分孔将盖板紧固在滑块座上；所述滑块组件由拨销、滑块Ⅰ、压缩弹簧和滑块Ⅱ组成，拨销装在滑块Ⅱ孔中，压缩弹簧装在滑块Ⅰ、滑块Ⅱ的孔中；所述滑块Ⅱ左端有用于夹紧工件的圆弧，右端有装压缩弹簧的孔和槽；所述滑块Ⅰ左端有用于装压缩弹簧的孔、凸台，右端有销孔，滑块Ⅰ上的凸台装入滑块Ⅱ的槽中；所述心轴组件由定位心轴、定位销、垫圈、圆螺母组成，定位销装在定位心轴的孔中，定位心轴上部有用于工件定位的圆弧；所述气缸组件由气缸止推座、气缸垫板、气缸、气缸连接头、气缸销轴组成，气缸止推座、气缸垫板、气缸、气缸连接头用螺钉连为一体后用螺钉紧固地底板上，气缸销轴将气缸连接头与夹紧盘连为一体。

将要加工的工件放在定位心轴上部用于工件定位的圆弧内，气缸连接头向右移动，滑块组件上的滑块Ⅱ夹紧工件；气缸连接头向左移动；滑块组件上的滑块Ⅱ松开工件。

本发明结构简单，装夹方便，效率高，特别适合在加工中心上加工小件使用。

一种圆周多件夹紧装置说明书摘要

一种圆周多件夹紧装置，由底板、夹紧盘、滑块座、盖板、滑块组件、定位心轴组件、气缸组件和底盘所组成，其特征在于，滑块座、夹紧盘和底盘上的大孔同轴，底盘用螺钉固定在底板上，定位心轴组件将滑块座、夹紧盘、底盘连为一体，定位心轴组件中的定位销插入滑块座的定位槽内，滑块组件装在滑块座槽内，盖板用螺钉紧固在滑块座的上平面上，滑块组件装在滑块座槽内滑动并无明显间隙；气缸组件紧固在底板上；总装后能转动，滑块组件上的拨销伸在等分阿基米德螺旋槽中；所述气缸组件由气缸止推座、气缸垫板、气缸、气缸连接头、气缸销轴组成；将要加工的工件放在定位心轴上部有用于工件定位的圆弧内，气缸连接头左、右移动，实现夹紧、松开工件。摘要附图请见图4-1-1。

4.2 一种采用弹性垫板的多件夹紧装置（202022524505.1）

一种采用弹性垫板的多件夹紧装置权利要求书

一种采用弹性垫板的多件夹紧装置，由液压虎钳固定钳口1、V形定位板2、聚氨酯弹性板3、液压虎钳活动钳口4、液压虎钳本体5和夹紧油缸6组成，其特征在于，液压虎钳固定钳口、液压虎钳活动钳口、液压虎钳本体和夹紧油缸为组装体，液压虎钳本体上有导轨，夹紧油缸为双作用油缸，液压虎钳活动钳口可在液压虎钳本体的导轨上移动，V形定位板粘贴在液压虎钳固定钳口上，聚氨酯弹性板粘贴在液压虎钳活动钳口上。

一种采用弹性垫板的多件夹紧装置说明书

技术领域

本发明涉及机械制造领域，特别涉及金属切削加工技术领域。

背景技术

在机械加工过程中，加工小件时，经常需要多件夹紧，由于零件存在公差，多件夹紧时可能造成尺寸小的零件夹不紧，如加大夹紧力，可能造成尺寸大的零件被夹坏。

发明内容

本发明就是设计、制造一种结构简单、制造方便的多件夹紧装置。

一种采用弹性垫板的多件夹紧装置，由液压虎钳固定钳口、V形定位板、聚氨酯弹性板、液压虎钳活动钳口、液压虎钳本体和夹紧油缸组成，其特征在于，液压虎钳固定钳口、液压虎钳活动钳口、液压虎钳本体和夹紧油缸为组装体，液压虎钳本体上有导轨，夹紧油缸为双作用油缸，液压虎钳活动钳口可在液压虎钳本体的导轨上移动，V形定位板粘贴在液压虎钳固定钳口上，聚氨酯弹性板粘贴在液压虎钳活动钳口上。

附图说明

图4-2-1是本实用新型的俯视示意图。图中，液压虎钳固定钳口1，V形定位板2，聚氨酯弹性板3，液压虎钳活动钳口4，液压虎钳本体5，夹紧油缸6。

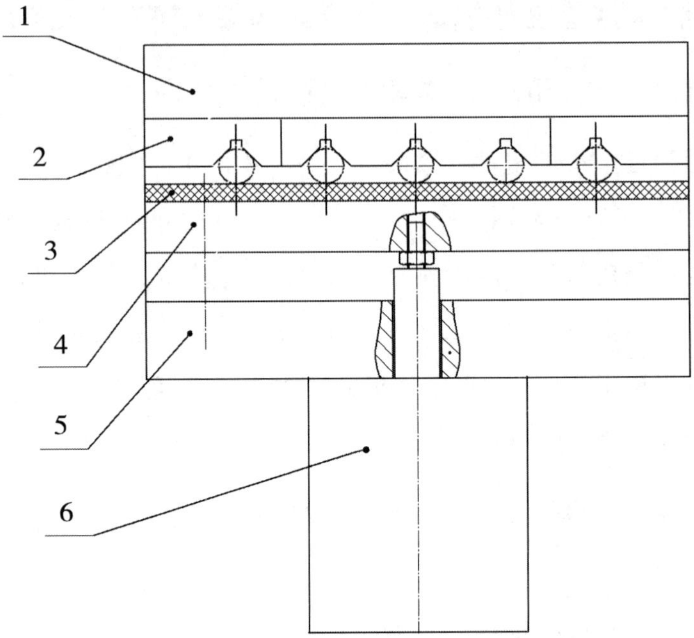

图4-2-1 采用弹性垫板多件夹紧装置的俯视示意图

具体实施方式

一种采用弹性垫板的多件夹紧装置，由液压虎钳固定钳口、V形定位板、聚氨酯弹性板、液压虎钳活动钳口、液压虎钳本体和夹紧油缸组成，其特征在于，液压虎钳固定钳口、液压虎钳活动钳口、液压虎钳本体和夹紧油缸为组装体，液压虎钳本体上有导轨，夹紧油缸为双作用油缸，液压虎钳活动钳口可在液压虎钳本体的导轨上移动，V形定位板粘贴在液压虎钳固定钳口上，聚氨酯弹性板粘贴在液压虎钳活动钳口上。用这种夹紧装置，不仅实现多件夹紧，而且在夹紧时，由于聚氨酯弹性板在夹紧时产生弹性变形，可补偿工件尺寸误差，使每个工件获得均匀的夹紧力。

一种采用弹性垫板的多件夹紧装置说明书摘要

一种采用弹性垫板的多件夹紧装置，由液压虎钳固定钳口、V形定位板、聚氨酯弹性板、液压虎钳活动钳口、液压虎钳本体和夹紧油缸组成，其特征在于，液压虎钳固定钳口、液压虎钳活动钳口、液压虎钳本体和夹紧油缸为组装体，液压虎钳本体上有导轨，夹紧油缸为双作用油缸，液压虎钳活动钳口可在液压虎钳本体的导轨上移动，V形定位板粘贴在液压虎钳固定钳口上，聚氨酯弹性板粘贴在液压虎钳活动钳口上。用这种夹紧装置，不仅实现多件夹紧，而且在夹紧时，由于聚氨酯弹性板在夹紧时产生弹性变形，可补偿工件尺寸误差，使每个工件获得均匀的夹紧力。摘要附图请见图4-2-1。

4.3 一种4个钳口的液压机床虎钳（201922088698.8）

一种4个钳口的液动机床虎钳权利要求书

一种4个钳口的液动机床虎钳，由4件虎钳本体1、4个活动钳口组件2、1根连接轴3、1件连接板4、1件双作用薄型油缸5、1件底板6、1件套7、1件螺母8和螺钉组成，其特征在于，4件虎钳本体和底板用螺钉连为一体，虎钳本体中间有槽；所述活动钳口组件由活动钳口2-1、活动钳口连接板2-2、压板2-5和螺钉组成，活动钳口中的凸台部分插入虎钳本体中间的槽中，凸台部分有螺孔，用螺钉将压板紧固在活动钳口的平面上；螺钉将活动钳口连接板与4件活动钳口连为一体；螺钉将连接板4和虎钳本体1连为一体；活动钳口连接板中间有槽，连接轴拧入螺母套，卡入活动钳口组件中连接板的槽中，拧入双作用薄型油缸螺孔中，用螺钉将双作用薄型油缸紧固在连接板上，拧动连接轴活动钳口调节至适当位置后，用螺母紧固。

一种4个钳口的液动机床虎钳说明书

技术领域

本实用新型涉及机械制造领域，特别涉及紫铜类电气零件加工领域。

背景技术

加工中心在加工紫铜类电气零件时，在装夹时大多使用手动虎钳，不仅效率低，而且，夹紧力大小难以掌握，夹紧力太大，会损坏工件，夹紧力太小，又会造成在加工时工件移动，更无法实现智能化生产。

发明内容

本实用新型就是为了解决上述困难，研发一种方便、快捷的机床虎钳；因这些需加工中心加工的零件的夹紧部分，都是冷拉型材，尺寸统一，为采用多件夹紧创造了条件。

本实用新型是通过下列方案实现的，一种4个钳口的液动机床虎钳，由4件虎钳本体、4个活动钳口组件、1根连接轴、1件连接板、1件双作用薄型油缸、1件底板、1件套、1件螺母和螺钉组成，其特征在于，4件虎钳本体和底板用螺钉连为一体，虎钳本体中间有槽；所述活动钳口组件由活动钳口、活动钳口连接板、压板和螺钉组成，活动钳口中的凸台部分插入虎钳本体中间的槽中，凸台部分有螺孔，用螺钉将压板紧固在活动钳口的平面上；再用螺钉将活动钳口连接板与4件活动钳口连为一体；同时，用螺钉将连接板和虎钳本体连为一体；活动钳口连接板中间有槽，将连接轴拧入螺母套上套后，卡入活动钳口组件中连接板的槽中后，再拧入双作用薄型油缸螺孔中，用螺钉将双作用薄型油缸紧固在连接板上，拧动连接轴将活动钳口调节至适当位置后，用螺母紧固。

附图说明

图4-3-1是原设计手动虎钳的结构示意图。图中，手动虎钳本体A1，手动虎钳活动钳口A2，螺杆A3，手柄A4，依靠用手柄转动螺杆将工件夹紧。

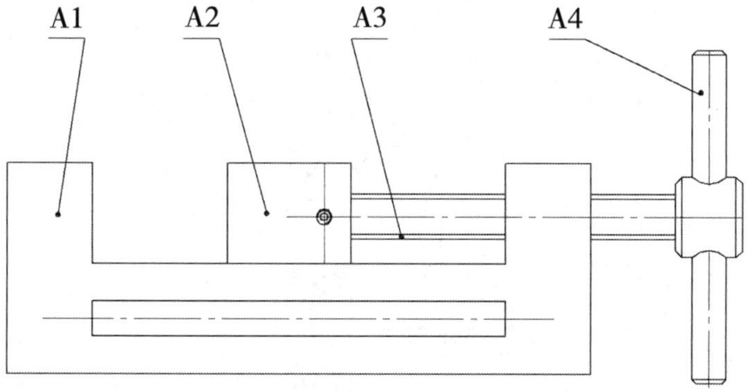

图4-3-1　原设计手动虎钳结构示意图

图4-3-2是本实用新型的主视示意图。图中，虎钳本体1，活动钳口组件2，连接轴3，连接板4，双作用薄型油缸5伸出轴有螺孔，底板6，虎钳本体与底板用螺钉连接成一体。

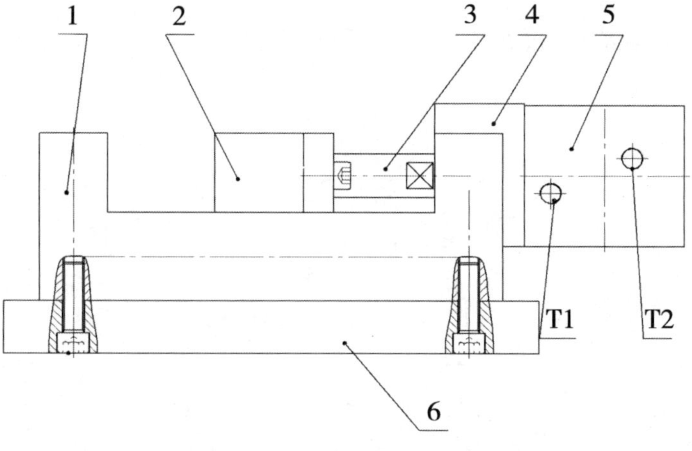

图4-3-2　液动机床虎钳主视示意图

图4-3-3是本实用新型的俯视示意图。图中，虎钳本体1，活动钳口组件2，连接轴3，连接板4，双作用薄型油缸5，用螺钉固定在连接板4上，薄型油缸伸出轴有螺孔，连接轴拧入螺母8套上套7后，卡入活动钳口组件中连接板的槽中，再拧入双作用薄型油缸螺孔中，虎钳本体与底板6用螺钉连接成一体。

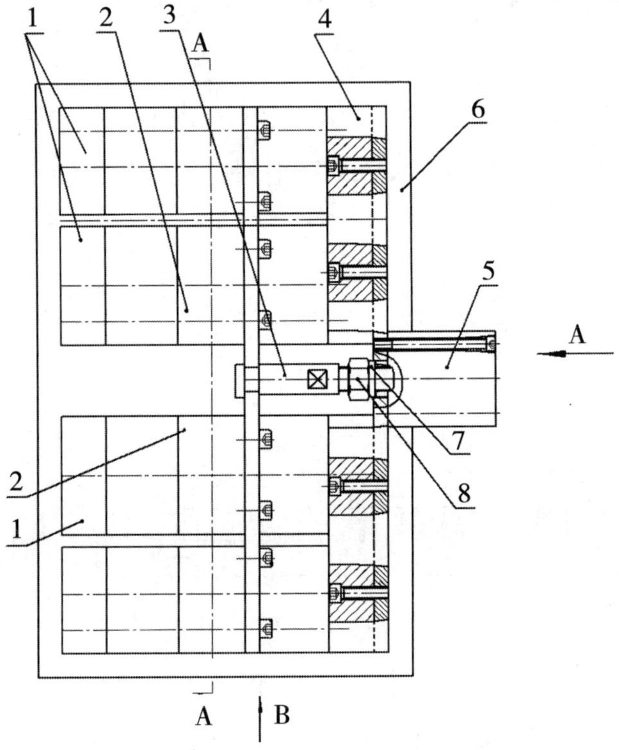

图4-3-3　液动机床虎钳俯视示意图

图4-3-4是本实用新型图4-3-3的A向示意图。图中，双作用薄型油缸5用螺钉固定在连接板2-2上，虎钳本体与底板6用螺钉连接成一体。

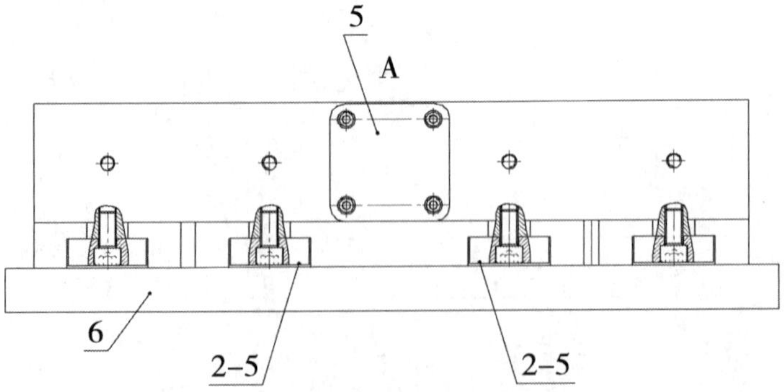

图4-3-4　液动机床虎钳A向示意图

图4-3-5是本实用新型活动钳口组件2的主视示意图。图中，虎钳本体1，活动钳口2-1，连接板2-2用螺钉紧固在活动钳口上；连接板上有槽，用于将连接轴卡在连接板的槽中。

图4-3-6是本实用新型活动钳口组件2的C向示意图。图中，活动钳口2-1，活动钳口连接板2-2用螺钉紧固在活动钳口上；连接板上有槽，用于将连接轴卡在连接板的槽中。

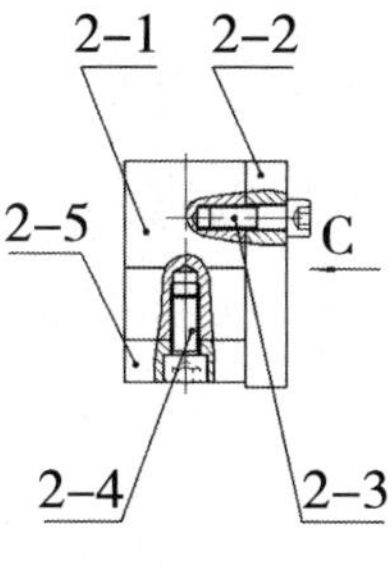

图4-3-5　活动钳口组件2主视示意图

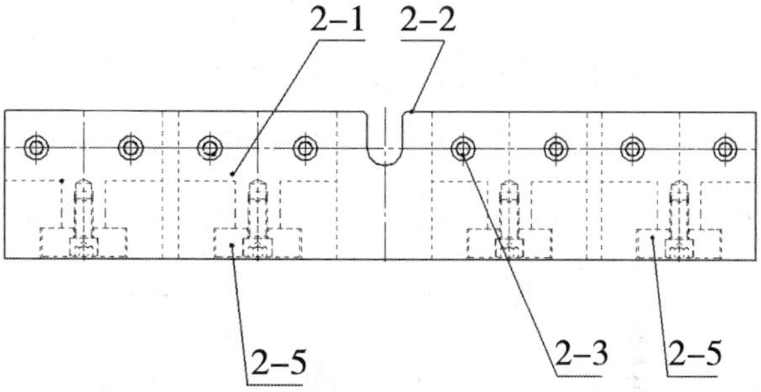

图4-3-6　活动钳口组件2的C向示意图

图4-3-7是本实用新型图4-3-3的A-A剖视图逆时针旋转30° 的剖面示意图。图中，虎钳本体1中间有槽，活动钳口组件2中的活动钳口2-1中的凸台部分插入虎钳本体中间的槽中，凸台部分有螺孔，用螺钉2-4将压板2-5紧固在活动钳口的平面上，底板6。

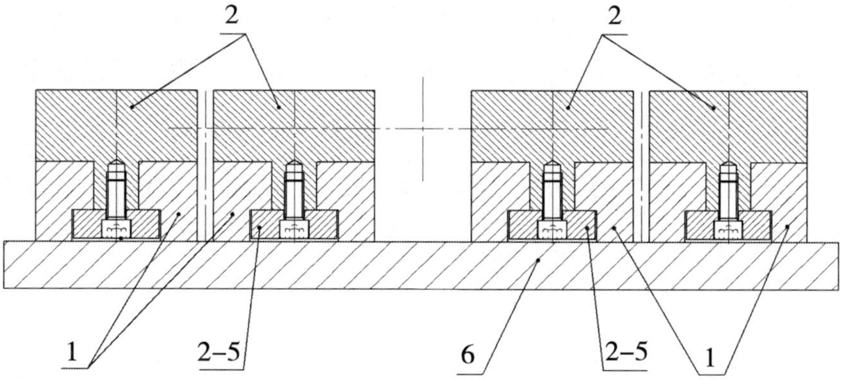

图4-3-7　液动机床虎钳A-A剖视图逆时针旋转30° 剖面示意图

具体实施方式

一种4个钳口的液动机床虎钳，由4件虎钳本体、4个活动钳口组件、1根连接轴、1件连接板、1件双作用薄型油缸、1件底板、1件套、1件螺母和螺钉组成，其特征在于，4件虎钳本体和底板用螺钉连为一体，虎钳本体中间有槽；所述活动钳口组件由活动钳口、活动钳口连接板、压板和螺钉组成，活动钳口中的凸台部分插入虎钳本体中间的槽中，凸台部分有螺孔，用螺钉将压板紧固在活动钳口的平面上；使活动钳口组件可在虎钳本体上无间隙移动；用螺钉将活动钳口连接板与4件活动钳口连为一体，再用螺钉将连接板和虎钳本体连为一体；活动钳口连接板中间有槽，将连接轴拧入螺母套上套后，卡入活动钳口组件中连接板的槽中后，再拧入双作用薄型油缸螺孔中，用螺钉将双作用薄型油缸紧固在连接板上，拧动连接轴将活动钳口调节至适当位置后，用螺母紧固。当压力油从T2油口进入时，双作用薄型油缸中的活塞向前移动，将4个工件同时夹紧；当压力油从T1油口进入时，双作用薄型油缸中的活塞向后移动，将4个工件同时松开；通过调节液压系统中的压力调节阀调节夹紧力大小。

一种4个钳口的液动机床虎钳说明书摘要

一种4个钳口的液动机床虎钳，由4件虎钳本体、4个活动钳口组件、1根连接轴、1件连接板、1件双作用薄型油缸、1件底板、1件套、1件螺母和螺钉组成，其特征在于，4件虎钳本体和底板用螺钉连为一体，虎钳本体中间有槽；所述活动钳口组件由活动钳口、活动钳口连接板、压板和螺钉组成，活动钳口中的凸台部分插入虎钳本体中间的槽中，用螺钉将压板紧固在活动钳口的平面上；用螺钉将活动钳口连接板与4件活动钳口连为一体，再用螺钉将连接板和虎钳本体连为一体；将连接轴拧入螺母套上套后，卡入活动钳口组件中连接板的槽中，再拧入双作用薄型油缸螺孔中，用螺钉将双作用薄型油缸紧固在连接板上，拧动连接轴将活动钳口调节至适当位置后，用螺母紧固。压力油从T2油口进入时，将4个工件同时夹紧；压力油从T1油口进入时，将4个工件同时松开。摘要附图请见图4-3-3。

4.4 一种新型吊具（201720791057.7）

一种新型吊具权利要求书

一种新型吊具，由外框组件1、起重吊钩护套2、吊钩拉杆3、下吊钩组件4、滑轴5、遥控推杆电机6组成，其特征在于，外框组件由外框板1-1、隔套1-3和紧固螺栓组件1-2组成，起重吊钩护套装在外框组件上部，下吊钩组件由下吊钩4-1和夹紧螺栓4-2组成，用滑轴将外框组件、起重吊钩护套、吊钩拉杆、下吊钩组件连为一体，滑轴可在外框组件的槽中滑动，起重机吊钩上移带动起重吊钩护套和吊钩拉杆上移，吊钩拉杆通过滑轴带动两个下吊钩向内移动，启动遥控推杆电机工作使遥控推杆电机推杆下移，两个下钩向外移动。

一种新型吊具说明书

技术领域

本实用新型涉及机械技术领域，特别涉及起吊技术领域。

背景技术

当工件外壳为非金属材料时，无法用磁铁和一般工具无法起吊，手工搬动效率低，且容易发生事故，如堆垛或装车更为困难。

发明内容

本实用新型的目的在于解决上述困难，提供一种方便的起吊、堆垛或装车的吊具。

一种新型吊具，由外框组件、起重吊钩护套、吊钩拉杆、下吊钩组件、滑轴、遥控推杆电机组成，其特征在于外框组件由外框板、隔套和紧固螺栓组件组成，起重吊钩护套装在外框组件上部，下吊钩组件由下吊钩和夹紧螺栓组成，用滑轴将外框组件、起重吊钩护套、吊钩拉杆、下吊钩组件连为一体，滑轴可在外框组件的槽中滑动，起重机吊钩上移带动起重吊钩护套和吊钩拉杆上移，吊钩拉杆通过滑轴带动两个下吊钩向内移动，启动遥控推杆电机工作使遥控推杆电机推杆下移，两个下钩向外移动。

附图说明

图4-4-1是本实用新型一种新型吊具起吊物件的结构示意图，W为准备起吊的物件，在此状态，遥控推杆电机的推杆与起重吊钩护套之间的距离为H。

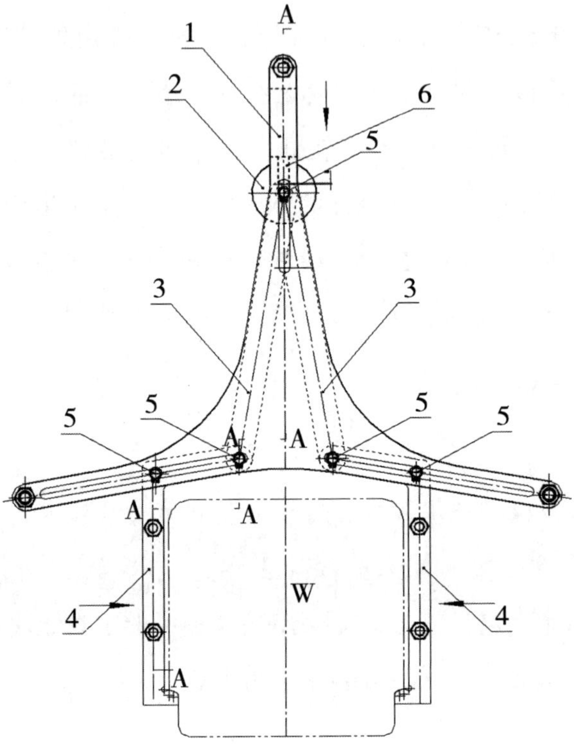

图4-4-1　一种新型吊具起吊物件结构示意图

图4-4-2是本实用新型一种新型吊具起吊完成的示意图，W为起吊结束的物件。

图4-4-3是图4-4-1的A-A剖面示意图，遥控推杆电机的推杆与起重吊钩护套之间的距离为H。图中，外框组件1，起重吊钩护套2，吊钩拉杆3，下吊钩组件4，滑轴5，遥控推杆电机6。

图4-4-4是外框组件1的主视示意图。图中，外框板1-1，紧固螺栓组件1-2。

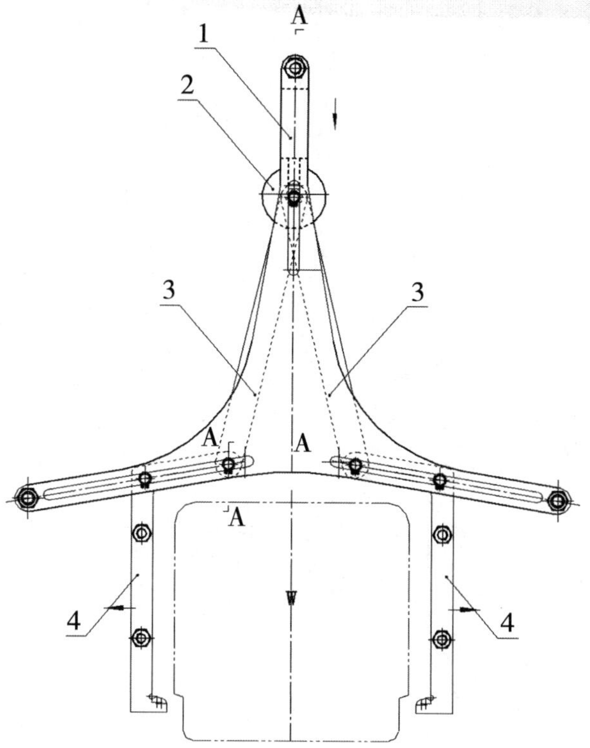

图4-4-2　一种新型吊具起吊完成示意图

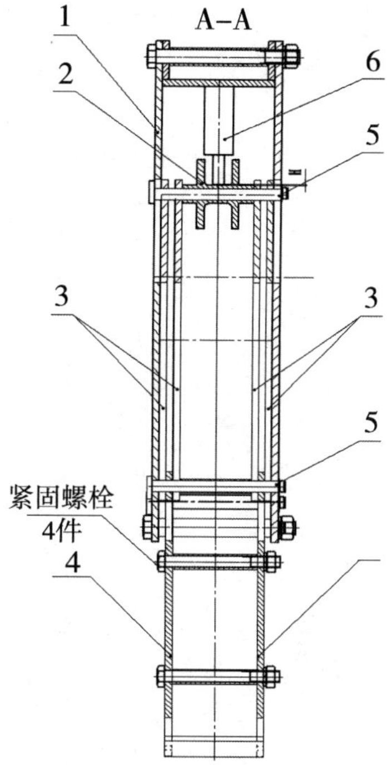

图4-4-3　一种新型吊具起吊物件A-A剖面示意图

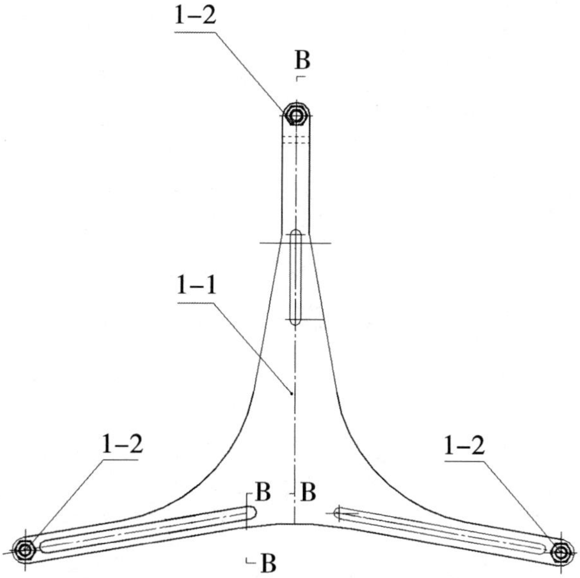

图4-4-4　外框组件1主视示意图

图4-4-5是图4-4-4的B-B剖面示意图。图中，外框板1-1，紧固螺栓组件1-2，隔套1-3，遥控推杆电机支架1-4。

图4-4-6是下吊钩组件4主视示意图。图中，下吊钩4-1，夹紧螺栓4-2。

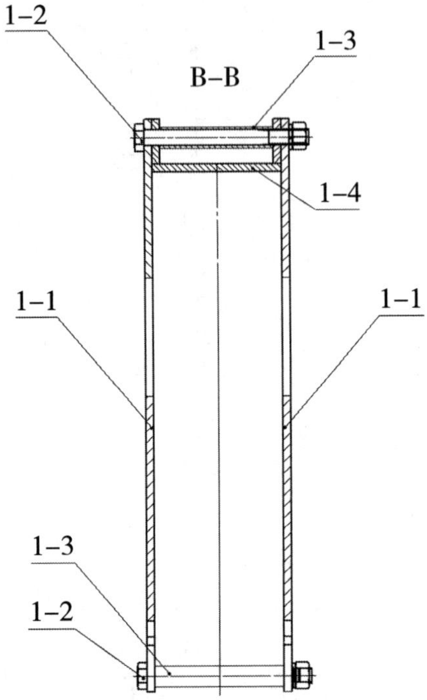

图4-4-5　外框组件1B-B剖面示意图

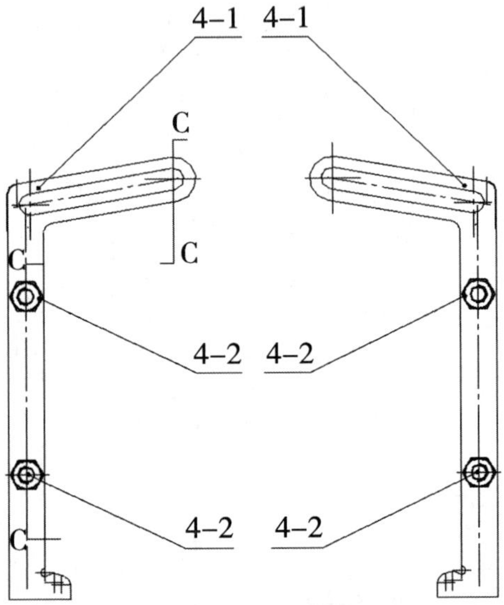

图4-4-6　下吊钩组件4主视示意图

图4-4-7是下吊钩组件4的C-C剖面示意图。图中，下吊钩4-1，夹紧螺栓4-2、4-3。

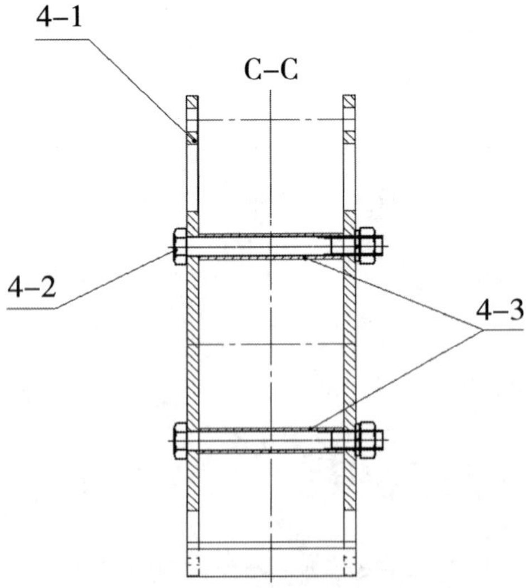

图4-4-7　下吊钩组件4C-C剖面示意图

图4-4-8是吊钩拉杆3主视示意图。图中，左吊钩拉杆3-1，右吊钩拉杆

3-2。

图4-4-9是吊钩拉杆3侧视示意图。图中，左吊钩拉杆3-1，右吊钩拉杆3-2。

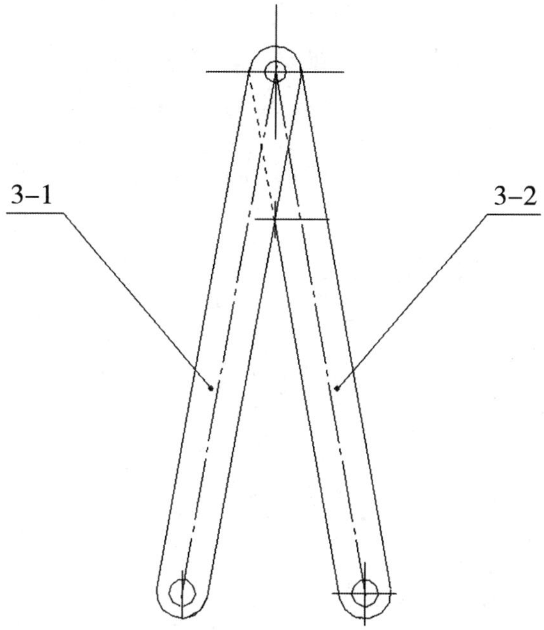

图4-4-8　吊钩拉杆3主视示意图

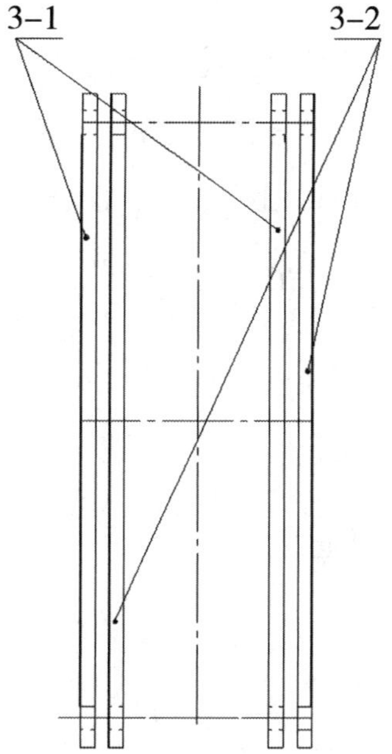

图4-4-9　吊钩拉杆3侧视示意图

具体实施方式

一种新型吊具由外框组件1、起重吊钩护套2、吊钩拉杆3、下吊钩组件4、滑轴5、遥控推杆电机6组成，所述外框组件由紧固螺栓组件1-3将外框板1-1、隔套1-2连为一体，起重吊钩护套装在外框组件上部，用滑轴连接；所述下吊钩组件由下吊钩4-1和夹紧螺栓4-2组装而成，用滑轴将外框组件、起重吊钩护套、吊钩拉杆、下吊钩组件连为一体，滑轴可在外框组件的槽中滑动，起吊时，起重机吊钩带动起重吊钩护套和吊钩拉杆上移，吊钩拉杆通过滑轴带动两个下吊钩向内移动，抱紧待起吊的物件，起重吊钩带动起重吊钩护套继续上移将物件吊起，物件放到指定位置后，启动遥控推杆电机工作使遥控推杆电机推杆下移，两个下钩向外移动，松开被抱紧的物件，移动起重机，起吊下一个物件。

一种新型吊具说明书摘要

一种新型吊具，由外框组件1、起重吊钩护套2、吊钩拉杆3、下吊钩组件4、滑轴5、遥控推杆电机6组成，所述外框组件由紧固螺栓组件1-3将外框板1-1、隔套1-2连为一体，起重吊钩护套装在外框组件上部，用滑轴连接；所述下吊钩组件由下吊钩4-1和夹紧螺栓4-2组装而成，用滑轴将外框组件、起重吊钩护套、吊钩拉杆、下吊钩组件连为一体，滑轴可在外框组件的槽中滑动，起吊时，起重机吊钩带动起重吊钩护套和吊钩拉杆上移，吊钩拉杆通过滑轴带动两个下吊钩向内移动，抱紧待起吊的物件，起重吊钩带动起重吊钩护套继续上移将物件吊起，物件放到指定位置后，启动遥控推杆电机工作使遥控推杆电机推杆下移，两个下吊钩向外移动，松开被抱紧的物件，移动起重机，起吊下一个物件。摘要附图请见图4-4-1。

4.5 一种电器零件钢珠式多件夹紧装置（202020562180.6）

一种电器零件钢珠式多件夹紧装置权利要求书

一种电器零件钢珠式多件夹紧装置，由夹紧装置本体1、螺栓2、固定V形块3、活动V形块4、顶紧螺栓5、钢珠挡板6、挡板螺栓7、推杆8、细钢珠9和压缩弹簧10组成，其特征在于，活动V形块右边是方杆，夹紧装置本体上有4个方孔、1个圆孔和螺孔，方孔中分别插入活动V形块，夹紧装置本体装上钢珠挡板，用螺栓紧固；在夹紧装置本体上4个方孔和1个圆孔装入细钢珠，再在夹紧装置本体的圆孔中装入推杆，顶紧螺栓顶紧推杆，用螺母锁紧，压缩弹簧用于复位。

一种电器零件钢珠式多件夹紧装置说明书

技术领域

本发明涉及机械制造技术领域，特别涉及电器配件机械加工技术领域。

背景技术

在电器配件机械加工过程中，零件尺寸小，加工要求高，有些零件要求槽对中，如在虎钳上加V形块，由于外径存在制造误差，容易产生夹不紧的现象。

发明内容

本实用新型就是为了解决这一问题，发明一种结构简单、制造容易的钢珠式多件夹紧装置。

一种电器零件钢珠式多件夹紧装置，由夹紧装置本体、螺栓、固定V形块、活动V形块、顶紧螺栓、钢珠挡板、挡板螺栓、推杆、细钢珠和压缩弹簧组成，其特征是活动V形块右边是方杆，夹紧装置本体上有4个方孔、1个圆孔和螺孔，方孔中分别插入活动V形块，夹紧装置本体装上钢珠挡板，用螺栓紧固；在夹紧装置本体上4个方孔和1个圆孔装入细钢珠，再在夹紧装置本体的圆孔中装入推杆，顶紧螺栓顶紧推杆，用螺母锁紧，压缩弹簧用于复位。

附图说明

图4-5-1是本实用新型的结构示意图。图中，夹紧装置本体1，螺栓2，固定V形块3，活动V形块4，顶紧螺栓5，钢珠挡板6，挡板螺栓7。

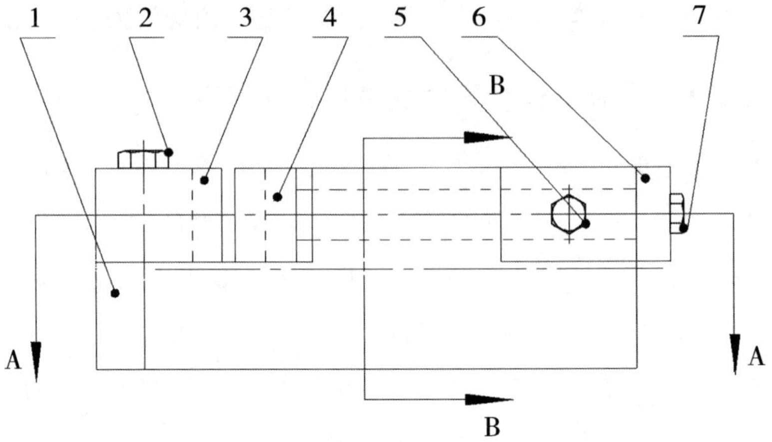

图4-5-1　钢珠式多件夹紧装置结构示意图

图4-5-2是本实用新型的A-A剖面示意图。图中，夹紧装置本体1，螺栓2，固定V形块3，活动V形块4，顶紧螺栓5，钢珠挡板6，挡板螺栓7，推杆8，细钢珠9，压缩弹簧10；活动V形块右边是方杆，夹紧装置本体上有4个方孔、1个圆孔和螺孔，方孔中分别插入活动V形块，推杆装在夹紧装置本体的圆孔中，钢珠

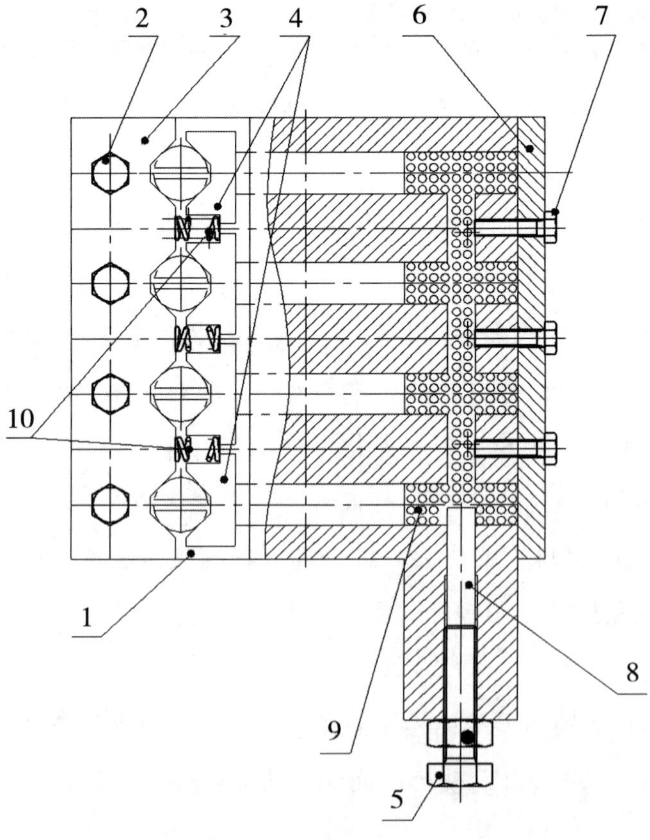

图4-5-2　钢珠式多件夹紧装置A-A剖面示意图

装入夹紧装置本体的孔中后装钢珠挡板用螺栓紧固。

图4-5-3是本实用新型的B-B剖面示意图。图中，夹紧装置本体1，活动V形块4，顶紧螺栓5。

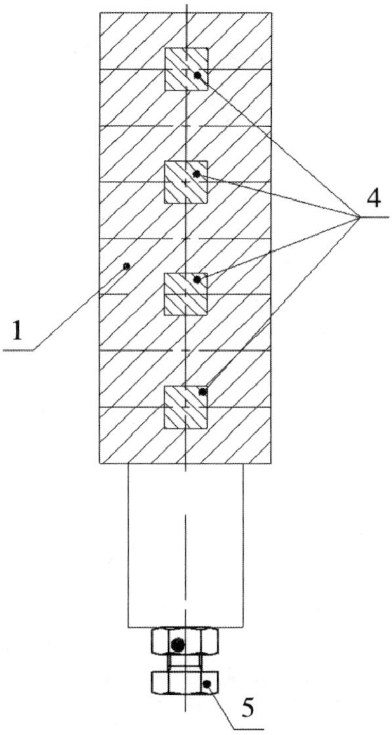

图4-5-3　钢珠式多件夹紧装置B-B剖面示意图

具体实施方式

一种电器零件钢珠式多件夹紧装置，由夹紧装置本体、螺栓、固定V形块、活动V形块、顶紧螺栓、钢珠挡板、挡板螺栓、推杆、细钢珠和压缩弹簧组成，其特征在于，活动V形块右边是方杆，夹紧装置本体上有4个方孔、1个圆孔和螺孔，方孔中分别插入活动V形块，夹紧装置本体装上钢珠挡板，用螺栓紧固；在夹紧装置本体上4个方孔和1个圆孔装入细钢珠，再在夹紧装置本体的圆孔中装入推杆，顶紧螺栓顶紧推杆，用螺母锁紧，压缩弹簧用于复位。由于细钢珠的调整作用，保证装夹不同直径的电器时得到相同的夹紧力。

一种电器零件钢珠式多件夹紧装置说明书摘要

一种电器零件钢珠式多件夹紧装置，由夹紧装置本体、螺栓、固定V形块、活动V形块、顶紧螺栓、钢珠挡板、挡板螺栓、推杆、细钢珠和压缩弹簧组成，其特征在于，活动V形块右边是方杆，夹紧装置本体上有4个方孔、1个圆孔和螺孔，方孔中分别插入活动V形块，夹紧装置本体装上钢珠挡板，用螺栓紧固；在夹紧装置本体上4个方孔和1个圆孔装入细钢珠，再在夹紧装置本体的圆孔中装入推杆，顶紧螺栓顶紧推杆，用螺母锁紧，压缩弹簧用于复位。由于细钢珠的调整作用，保证装夹不同直径的电器时得到相同的夹紧力。摘要附图请见图4-5-2。

4.6 一种内胀式心轴（202022456762.6）

一种内胀式心轴权利要求书

一种内胀式心轴，由夹具本体1、拉轴2、滚珠套组件3、导向套4、压套5、螺母6、销7和压缩弹簧轴8组成，其特征在于，拉轴装入夹具本体孔内后装入插销，夹具本体右端外圆装导向套、滚珠套组件、压缩弹簧、滚珠套组件、导向套、压套和螺母；所述滚珠套组件由滚珠套、滚珠架和滚珠组成，滚珠套上均匀分布有6个孔，每个孔内装有滚珠套和滚珠。

一种内胀式心轴说明书

技术领域

本发明涉及机械技术领域，特别涉及机械加工技术领域。

背景技术

要保证轴套孔与外圆的同轴度，需要使用夹具，夹具的种类很多，一般结构较复杂，精度要求高。

发明内容

本发明就是要设计制造一种结构简单、制造方便、精度高的孔加工夹具。

一种内胀式心轴，由夹具本体、拉轴、滚珠套组件、导向套、压套、螺母、销和压缩弹簧轴组成，其特征是，拉轴装入夹具本体孔内后装入插销，夹具本体右端外圆依次装入导向套、滚珠套组件、压缩弹簧、滚珠套组件、导向套，再装入压套，拧入螺母；所述滚珠套组件由滚珠套、滚珠架和滚珠组成，滚珠套上均匀分布有6个孔，每个孔内装有滚珠套和滚珠。

拧紧螺母，滚珠在滚珠套锥面的作用下，滚珠向外移动，胀紧加工件内孔；松开螺母，滚珠套在压缩弹簧的作用下，导向套之间距离增加，滚珠向内移动，可以方便卸下工件。

附图说明

图4-6-1是本实用新型的结构示意图。图中，夹具本体1，拉轴2，滚球套组件3，导向套4，压套5，螺母6，顶针7，销轴8，压缩弹簧9。

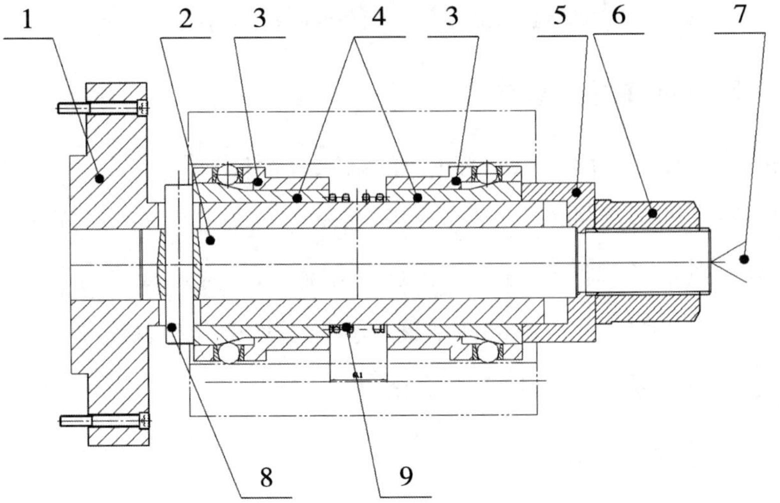

图4-6-1　一种内胀式心轴结构示意图

图4-6-2是本实用新型的中夹具本体1的示意图。图中，右端有与车床上法兰盘配合用止口，内孔装拉轴，螺钉可从4个均匀分布的螺钉孔穿入，将本体紧固在法兰上；夹具本体有腰形孔，销轴8可在腰形孔内移动。

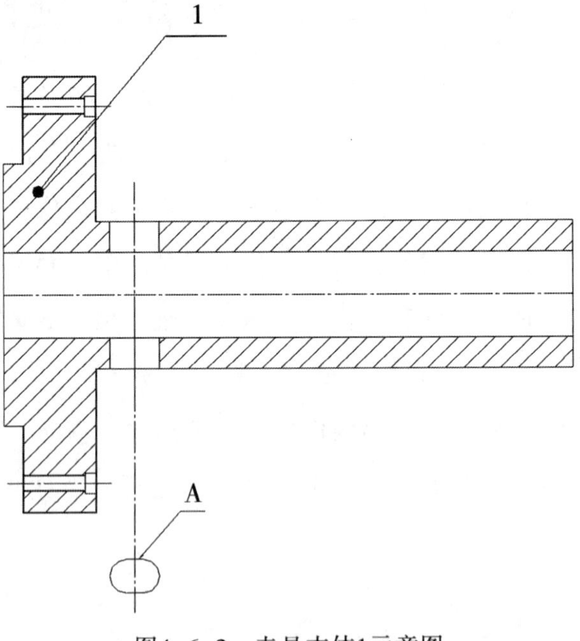

图4-6-2　夹具本体1示意图

图4-6-3是本发明中滚珠套组件3剖面示意图。图中，滚珠套3-1上均匀分布有6个孔，6个孔内装有滚珠架3-2，滚球架孔内装有滚珠3-3。

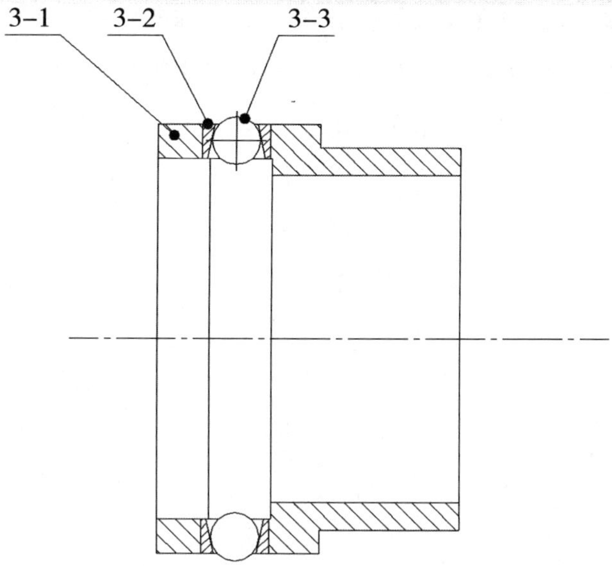

图4-6-3　滚珠套组件3剖面示意图

具体实施方式

一种内胀式心轴由夹具本体、拉轴、滚珠套组件、导向套、压套、螺母、销和压缩弹簧轴组成，其特征在于，拉轴装入夹具本体孔内后装入插销，夹具本体右端外圆依次装入导向套、滚珠套组件、压缩弹簧、滚珠套组件、导向套，再装入压套，拧入螺母；所述滚珠套组件由滚珠套、滚珠架和滚珠组成，滚珠套上均匀分布有6个孔，每个孔内装有滚珠套和滚珠。

拧紧螺母，滚珠在滚珠套锥面的作用下，滚珠向外移动，胀紧加工件内孔；松开螺母，滚珠套在压缩弹簧的作用下，导向套之间距离增加，滚珠向内移动，可以方便卸下工件。在装滚珠时，在滚珠上涂润滑油；为了增加强度，可用顶针顶住夹具本体上的顶针孔。

本实用新型结构简单、制造、使用方便。

一种内胀式心轴说明书摘要

一种内胀式心轴，由夹具本体、拉轴、滚珠套组件、导向套、压套、螺母、销和压缩弹簧轴组成，其特征在于，拉轴装入夹具本体孔内后装入插销，夹具本体右端外圆依次装入导向套、滚珠套组件、压缩弹簧、滚珠套组件、导向套，再装入压套，拧入螺母；所述滚珠套组件由滚珠套、滚珠架和滚珠组成，滚珠套上均匀分布有6个孔，每个孔内装有滚珠套和滚珠。

拧紧螺母，滚珠在滚珠套锥面的作用下，滚珠向外移动，胀紧加工件内孔；松开螺母，滚珠套在压缩弹簧的作用下，导向套之间距离增加，滚珠向内移动，可以方便卸下工件。摘要附图请见图4-6-1。

4.7 一种带胀胎的活顶针（202021413768.9）

一种带胀胎的活顶针权利要求书

一种带胀胎的活顶针，由锥柄体3-1、平面轴承3-2、滚珠轴承3-3、隔套3-4、顶针套3-5、胀胎3-6、挡板3-7和轴用弹性挡圈3-8组成，其特征在于，平面轴承、滚珠轴承和隔套，装在锥柄体上，用轴用弹性挡圈限位；套上顶针套和胀胎，装上挡板，用螺钉锁定；所述顶针套外锥与轴承同轴；所述胀胎有均匀分布的槽；装工件时，胀胎平面与管子端面接触后顶针继续前移，在锥面的作用下，胀胎外径增大，胀紧内孔。

一种带胀胎的活顶针说明书

技术领域

本实用新型涉及机械加工领域，特别涉及管类零件车加工技术领域。

背景技术

目前，车削管类零件时，大多顶住内孔与平面的交线车工艺基准，由于端面与孔不垂直，所以工艺基准与孔同心度误差较大，增加了镗孔工作量。

发明内容

本实用新型就是为了解决这一难题，发明一种结构简单，使用方便，通用性好的顶针。

一种带胀胎的活顶针，由锥柄体、平面轴承、滚珠轴承、隔套、顶针套、胀胎、挡板和轴用弹性挡圈组成，其特征在于，平面轴承、滚珠轴承和隔套，装在锥柄体上，用轴用弹性挡圈限位；套上顶针套和胀胎，装上挡板，用螺钉锁定；所述顶针套外锥与轴承同轴；所述胀胎有均匀分布的槽；装工件时，胀胎平面与管子端面接触后顶针继续前移，在锥面的作用下，胀胎外径增大，胀紧内孔。

附图说明

图4-7-1是车削钢管时的示意图。图中，三爪卡盘1，工件2，一种带胀胎的活顶针3。

图4-7-2是本实用新型一种带胀胎的活顶针结构示意图。图中，锥柄体3-1，平面轴承3-2，滚珠轴承3-3，隔套3-4，顶针套3-5右端有外锥，端部有螺孔；胀胎3-6，挡板3-7，轴用弹性挡圈3-8。图中，左面是主视图，右面为侧视

图，A和B为槽。

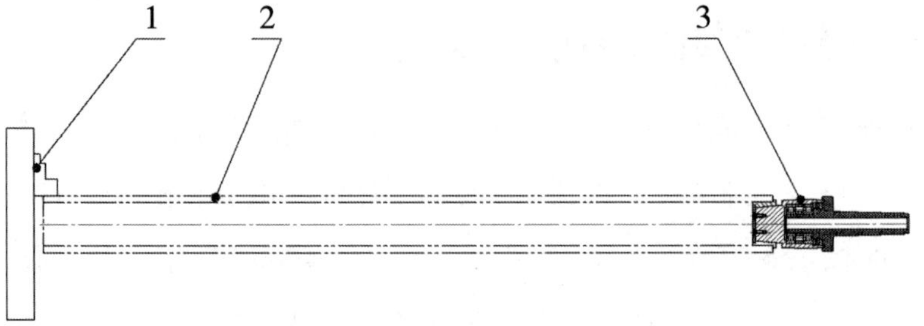

图4-7-1　车削钢管示意图

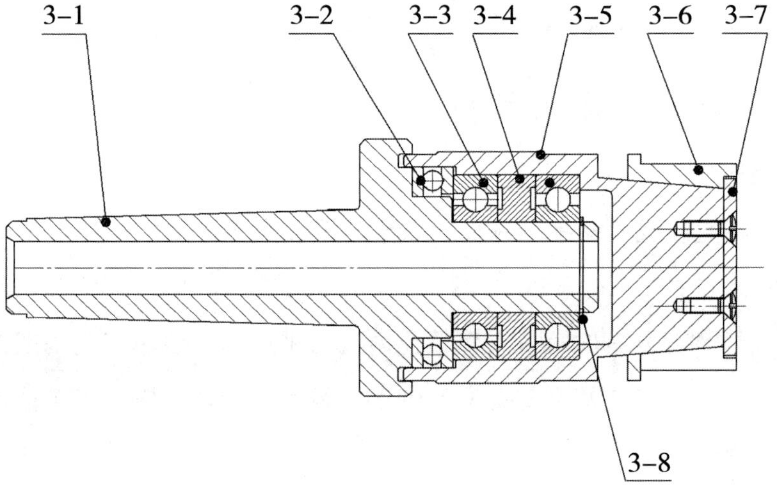

图4-7-2　一种带胀胎的活顶针结构示意图

图4-7-3是本实用新型中胀胎3-6的示意图。

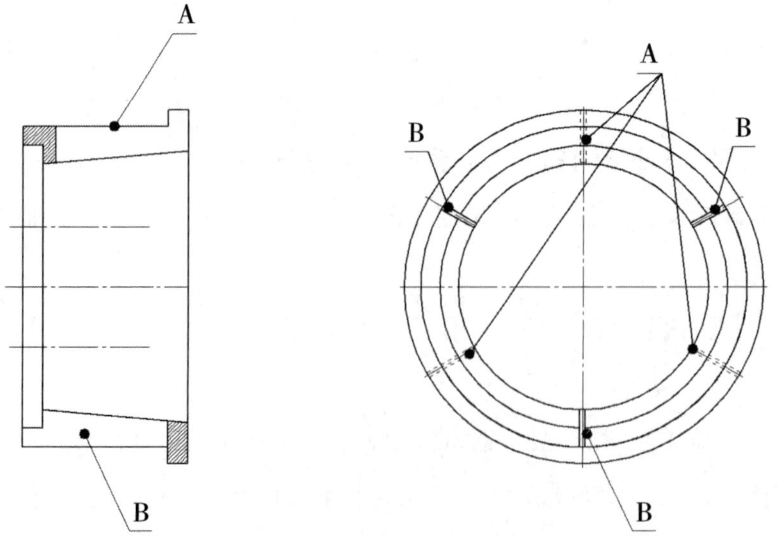

图4-7-3　胀胎3-6示意图

具体实施方式

一种带胀胎的活顶针，由锥柄体、平面轴承、滚珠轴承、隔套、顶针套、胀胎、挡板和轴用弹性挡圈组成，其特征在于，平面轴承、滚珠轴承和隔套，装在锥柄体上，用轴用弹性挡圈限位；套上顶针套和胀胎，装上挡板，用螺钉锁定；所述顶针套外锥与轴承同轴；所述胀胎有均匀分布的槽；装工件时，胀胎平面与管子端面接触后顶针继续前移，在锥面的作用下，胀胎外径增大，胀紧内孔。

顶紧工件时，胀套向右移动，直径增大，胀紧管材内孔，确保工艺基准与内孔同轴。反之，胀套向左移动，胀套直径减少，可卸下管材。

一种带胀胎的活顶针说明书摘要

一种带胀胎的活顶针，由锥柄体、平面轴承、滚珠轴承、隔套、顶针套、胀胎、挡板和轴用弹性挡圈组成，其特征是，平面轴承、滚珠轴承和隔套，装在锥柄体上，用轴用弹性挡圈限位；套上顶针套和胀胎，装上挡板，用螺钉锁定；所述顶针套外锥与轴承同轴；所述胀胎有均匀分布的槽；装工件时，胀胎平面与管子端面接触后顶针继续前移，在锥面的作用下，胀胎外径增大，胀紧内孔；顶紧工件时，胀套向右移动，直径增大，胀紧管材内孔，确保工艺基准与内孔同轴。反之，胀套向左移动，胀套直径减少，可卸下管材。摘要附图请见图4-7-2。

4.8 一种靠切削力夹紧的装置（202021423928.8）

一种靠切削力夹紧的装置权利要求书

一种靠切削力夹紧的装置，由底座1、小齿轮轴2、夹块3、大齿轮轴4、圆螺母Ⅰ5、夹紧手柄6、键Ⅰ7、键Ⅱ8、圆螺母Ⅱ9和大齿轮10组成，其特征在于，夹块上有齿，呈现阿基米德螺旋线分布；底座上有5个安装大小齿轮轴的孔，大齿轮轴装在底座的大孔中，大齿轮轴下部装有键，装大齿轮后用圆螺母Ⅱ锁定，4个小齿轮分别装在相应的小齿轮轴孔中，小齿轮与大齿轮啮合，将其中1小齿轮轴装上2个平键，再装手柄和夹块，用圆螺母Ⅰ锁定；另外3小齿轮轴装上1个平键，再装夹块，用圆螺母Ⅰ锁定。

一种靠切削力夹紧的装置说明书

技术领域

本实用新型属于机器制造领域，特别涉及机械加工技术领域。

背景技术

机械零件在钻床上钻孔时，切削扭力很大，装夹时很费力，夹不紧会使工件产生转动，产生废品。

发明内容

本实用新型就是要发明一种新的夹紧装置，切削时利用切削力将工件进一步夹紧，切削力越大，工件夹得越紧。

一种靠切削力夹紧的装置，由底座、小齿轮轴、夹块、大齿轮轴、圆螺母Ⅰ、夹紧手柄、键Ⅰ、键Ⅱ、圆螺母Ⅱ和大齿轮组成，其特征在于，夹块上有齿，呈现阿基米德螺旋线分布；底座上有5个安装大小齿轮轴的孔，大齿轮轴装在底座的大孔中，大齿轮轴下部装有键，装大齿轮后用圆螺母Ⅱ锁定，4个小齿轮分别装在相应的小齿轮轴孔中，小齿轮与大齿轮啮合，将其中1小齿轮轴装上2个平键，再装手柄和夹块，用圆螺母Ⅰ锁定；另外3小齿轮轴装上1个平键，再装夹块，用圆螺母Ⅰ锁定。

附图说明

图4-8-1是本实用新型的结构示意图。图中，底座1，小齿轮轴2，夹块3上有齿，且呈阿基米德螺旋线分布，大齿轮轴4，圆螺母Ⅰ5，夹紧手柄6，键Ⅰ7，

键Ⅱ8，圆螺母Ⅱ9，大齿轮10。

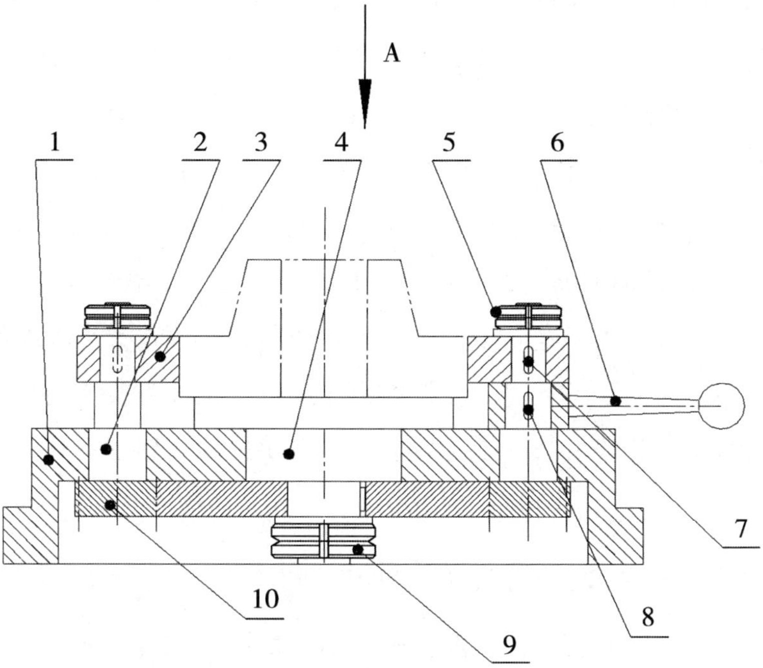

图4-8-1　一种靠切削夹紧的装置结构示意图

图4-8-2是图4-8-1的A向示意图。图中，底座1，小齿轮轴2，夹块3，圆螺母Ⅰ5，夹紧手柄6。

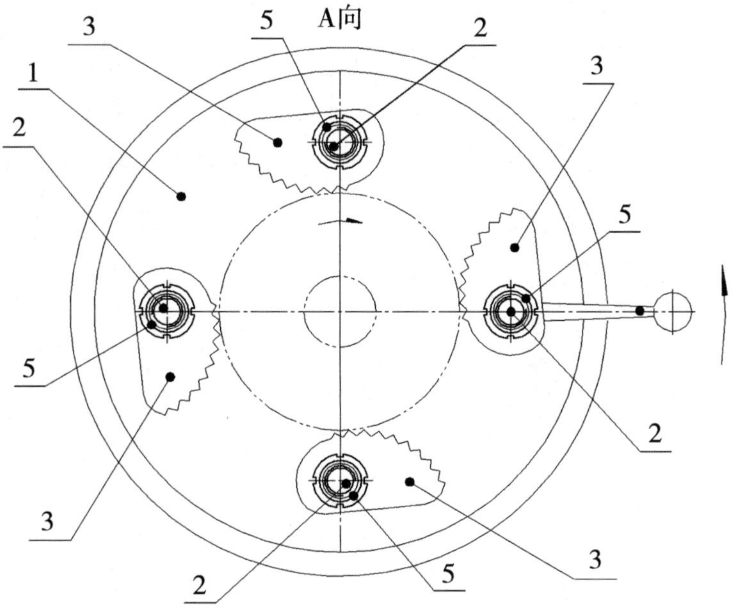

图4-8-2　一种靠切削夹紧的装置A向示意图

具体实施方式

一种靠切削力夹紧的装置，由底座、小齿轮轴、夹块、大齿轮轴、圆螺母Ⅰ、夹紧手柄、键Ⅰ、键Ⅱ、圆螺母Ⅱ和大齿轮组成，其特征在于，夹块上有齿，呈现阿基米德螺旋线分布；底座上有5个安装大小齿轮轴的孔，大齿轮轴装在底座的大孔中，大齿轮轴下部装有键，装上大齿轮后用圆螺母Ⅱ锁定，4个小齿轮分别装在相应的小齿轮轴孔中，小齿轮与大齿轮啮合，将其中1小齿轮轴装上2个平键，再装手柄和夹块，用圆螺母Ⅰ锁定；另外3小齿轮轴装上1个平键，再装夹块，用圆螺母Ⅰ锁定；使用时，先将图中工件放在大齿轴端部，旋转手柄，使工件初步夹紧，钻孔时，在切削力作用下，工件有旋转趋势，夹块上的齿呈现阿基米德螺旋线分布，工件转动带动夹块旋转，切削力越大，工件夹得越紧。

一种靠切削力夹紧的装置说明书摘要

一种靠切削力夹紧的装置，由底座、小齿轮轴、夹块、大齿轮轴、圆螺母Ⅰ、夹紧手柄、键Ⅰ、键Ⅱ、圆螺母Ⅱ和大齿轮组成，其特征在于，夹块上有齿，呈现阿基米德螺旋线分布；底座上有5个安装大小齿轮轴的孔，大齿轮轴装在底座的大孔中，大齿轮轴下部装有键，装大齿轮后用圆螺母Ⅱ锁定，4个小齿轮分别装在相应的小齿轮轴孔中，小齿轮与大齿轮啮合，将其中1小齿轮轴装上2个平键，再装手柄和夹块，用圆螺母Ⅰ锁定；另外3小齿轮轴装上1个平键，再装夹块，用圆螺母Ⅰ锁定；使用时，先将图中工件放在大齿轴端部，旋转手柄，使工件初步夹紧，钻孔时，在切削力作用下，工件有旋转趋势，夹块上的齿呈现阿基米德螺旋线分布，工件转动带动夹块旋转，切削力越大，工件夹得越紧。摘要附图请见图4-8-2。

4.9 一种内置式中心钻（202122180445.0）

一种内置式中心钻权利要求书

一种内置式中心钻，由车床床头箱1、车床主轴2、钻中心孔装置3、法兰4和气缸5组成，其特征是，车床主轴装在车床床头箱内，法兰用螺栓安装在车床床头箱上，气缸用螺栓安装在法兰上，所述钻中心孔装置由轴承、花键套、花键轴和反向中心钻组成，2个轴承套在花键套二端并安装在主轴孔内，花键轴插在花键套内，花键套左端有外螺纹，与气缸活塞杆上的内螺纹连接并用螺母锁紧，反向中心钻用螺钉紧固在花键轴孔内。

一种内置式中心钻说明书

技术领域

本发明涉及机械制造技术领域，特别涉及机械加工技术领域。

背景技术

在机械加工过程中，在车床上加工半轴时，需要先在小端钻好中心孔后，再在车床上用三爪卡盘夹住大端，顶住中心孔，车小端外圆；然后掉头；用三爪卡盘夹小端半轴，搭中心架钻另一端中心孔，非常麻烦，特别是大批量生产时，操作者劳动强度非常大。

发明内容

本实用新型就是为了解决这一问题，发明一种结构简单、使用方便，在车加工小端外圆的同时钻中心孔的装备。

一种内置式中心钻，由车床床头箱、车床主轴、钻中心孔装置、法兰和气缸组成，其特征是，车床主轴装在车床床头箱内，法兰用螺栓安装在车床床头箱上，气缸用螺栓安装在法兰上，所述钻中心孔装置由轴承、花键套、花键轴和反向中心钻组成，2个轴承套在花键套二端并安装在主轴孔内，花键轴插在花键套内，花键套左端有外螺纹，与气缸活塞杆上的内螺纹连接并用螺母锁紧，反向中心钻用螺钉紧固在花键轴孔内。

附图说明

图4-9-1是加工半轴类零件示意图。图中，三爪卡盘夹半轴A端外圆，顶针顶住B端中心孔，车加工外圆。

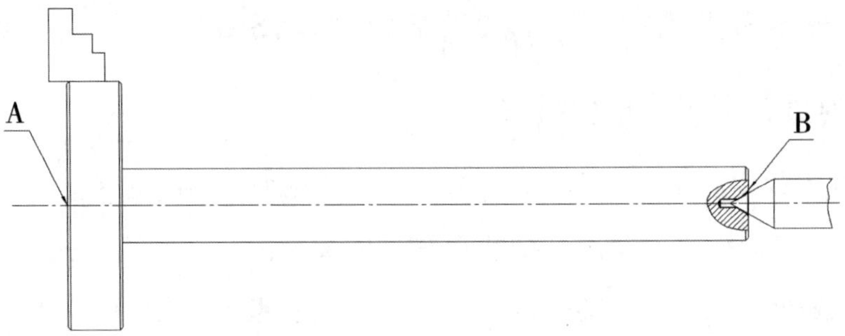

图4-9-1　加工半轴类零件示意图

图4-9-2是掉头钻中心孔示意图。图中，三爪卡盘夹半轴B端小外圆，搭中心架C，钻A端中心孔。

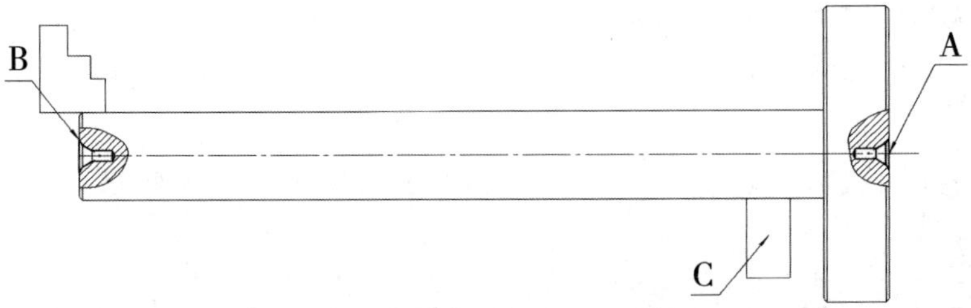

图4-9-2　掉头钻中心孔示意图

图4-9-3是本实用新型装在车床主轴孔内中心钻的示意图。图中，车床床头箱1，车床主轴2，钻中心孔装置3，法兰4，气缸5，活塞杆上有螺孔。

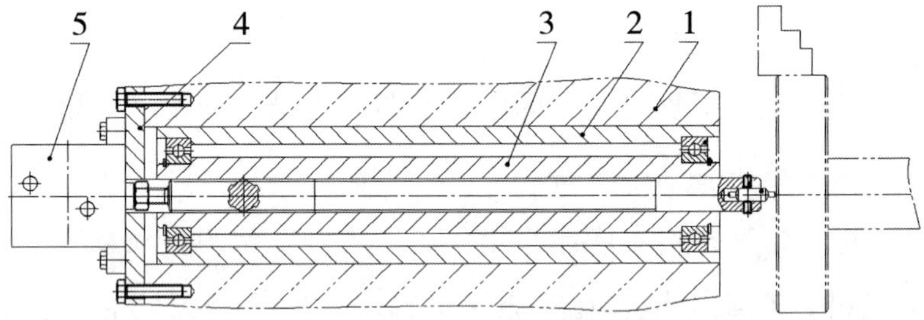

图4-9-3　装在车床主轴孔内中心钻示意图

图4-9-4是钻中心孔装置3的示意图。图中，2个轴承3-1套在具有内花键的花键套3-2上，再安装在主轴孔中，花键轴3-3左端有外螺纹与气缸连接，反向中心钻3-4用螺钉紧固在花键轴右端孔内。

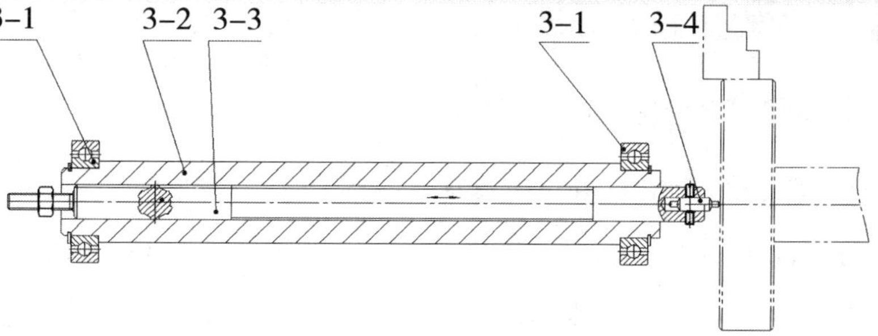

图4-9-4　钻中心孔装置3示意图

具体实施方式

一种内置式中心钻，由车床床头箱、车床主轴、钻中心孔装置、法兰和气缸组成，车床主轴装在车床床头箱内，法兰用螺栓安装在车床床头箱上，气缸用螺栓安装在法兰上，所述钻中心孔装置由轴承、花键套、花键轴和反向中心钻组成，2个轴承套在花键套二端并安装在主轴孔内，花键轴插在花键套内，花键套左端有外螺纹，与气缸活塞杆上的内螺纹连接并用螺母锁紧，反向中心钻用螺钉紧固在花键轴孔内；当在车床上车加工半轴时，气缸推动花键轴前移钻中心孔，因转动方向相反，所以采用反向中心钻钻中心孔；采用这种方法既减少了加工时间，又减轻了工人劳动强度。

一种内置式中心钻说明书摘要

一种内置式中心钻，由车床床头箱、车床主轴、钻中心孔装置、法兰和气缸组成，车床主轴装在车床床头箱内，法兰用螺栓安装在车床床头箱上，气缸用螺栓安装在法兰上，所述钻中心孔装置由轴承、花键套、花键轴和反向中心钻组成，2个轴承套在花键套二端并安装在主轴孔内，花键轴插在花键套内，花键套左端有外螺纹，与气缸活塞杆上的内螺纹连接并用螺母锁紧，反向中心钻用螺钉紧固在花键轴孔内；当在车床上车加工半轴时，气缸推动花键轴前移钻中心孔，因转动方向相反，所以采用反向中心钻钻中心孔；采用这种方法既减少了加工时间，又减轻了工人劳动强度。摘要附图请见图4-9-3。

4.10 一种阀体精铰孔设备（202220775399.1）

一种阀体精铰孔设备权利要求书

一种阀体精铰孔设备，由支架总成1、传动组件2和转动组件3组成，其特征在于，传动组件中的电机装在支架总成上部，用螺栓紧固；转动组件中支架装在直线导轨的滑板上，用螺栓紧固；所述支架总成由上座1–1、立柱1–2、底板1–3、轴承1–4、孔用挡圈1–5、直线导轨1–6和导轨滑台1–7组成，导轨滑台可在直线导轨上滑动；所述上座、立柱、底板均由钢板焊成后焊为一体，上座上有A孔，底板有孔；导轨滑台装在直线导轨上，直线导轨用螺钉紧固在立柱上；轴承装在底座的孔中，用孔用挡圈限位；所述传动组件由传动电机、弹性联轴器、滚珠螺杆、滚珠螺母和圆螺母组成，滚珠螺母拧在滚珠螺杆上，传动电机与滚珠螺杆用弹性联轴器连接，用螺钉紧固后，将传动组件中的传动电机装在上座上，止口与A孔配合，用螺栓紧固，滚珠螺杆下部伸入装在底板的轴承孔中；所述转动组件由转动电机、转动电机支架、主轴、轴承和轴承盖组成，转动电机支架装在导轨滑台上，用螺栓紧固，滚珠螺母装入转动电机支架的孔中，用圆螺母锁定。

一种阀体精铰孔设备说明书

技术领域

本发明涉及液压件加工技术领域，特别涉及阀体精加工技术领域。

背景技术

目前，很多企业阀体铰孔在加工中心上加工，设备投资很多，为了降低成本，必须设计制造简易的铰孔设备。

发明内容

本实用新型就是为了解决这一难题，发明一种结构简单，使用方便，通用性好的阀体加工。

一种阀体精铰孔设备，由支架总成、传动组件和转动组件组成，其特征在于，传动组件中的电机装在支架总成上部，用螺栓紧固；转动组件中支架装在直线导轨的滑板上，用螺栓紧固；所述支架总成由上座、立柱、底板、轴承、孔用挡圈、直线导轨和导轨滑台组成，导轨滑台可在直线导轨上滑动；所述上座、立柱、底板均由钢板焊成后焊为一体，上座上有A孔，底板有孔；导轨滑台装在直线导轨上，直线导轨用螺钉紧固在立柱上；轴承装在底座的孔中，用孔用挡圈限位；所述传动组件由传动电机、弹性联轴器、滚珠螺杆、滚珠螺母和圆螺母组成，滚珠螺母拧在滚珠螺杆上，传动电机与滚珠螺杆用弹性联轴器连接，用螺钉紧固后，将传动组件中的传动电机装在上座上，止口与A孔配合，用螺栓紧固，滚珠螺杆下部伸入装在底板的轴承孔中；所述转动组件是由转动电机、转动电机支架、主轴、轴承和轴承盖组成，转动电机支架装在导轨滑台上，用螺栓紧固，滚珠螺母装入转动电机支架的孔中，用圆螺母锁定。

附图说明

图4-10-1是本实用新型的结构示意图。图中，支架总成1，传动组件2，转动组件3，用螺栓连成一体；滚珠螺母装入转动电机支架的孔中，用圆螺母锁定。

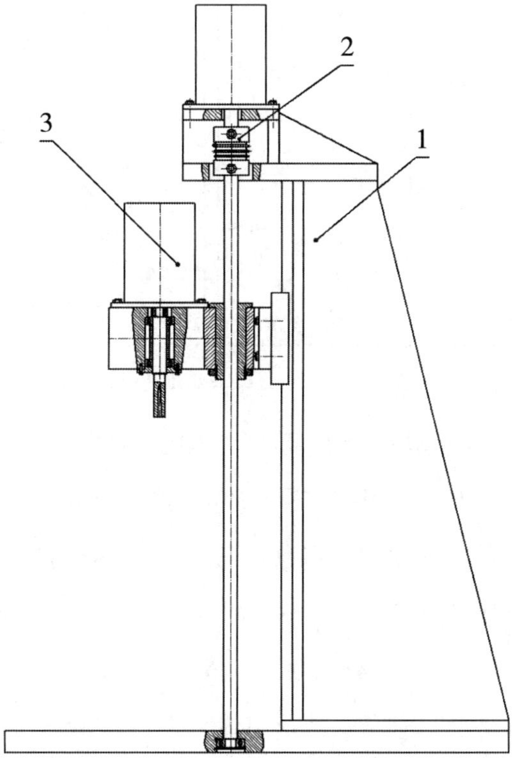

图4-10-1 一种阀体精铰孔设备结构示意图

图4-10-2是本实用新型中支架总成1的主视图。图中，上座1-1，立柱1-2，底板1-3，轴承1-4，孔用挡圈1-5，直线导轨1-6，导轨滑台1-7；上座、立柱、底板均用钢板焊接而成一体，上座上有用于与传动电机止口配合的孔和螺孔；导轨滑台装在直线导轨上可滑动，直线导轨用螺钉装在立柱上；轴承装在底板的孔

中，用孔用挡圈限位。

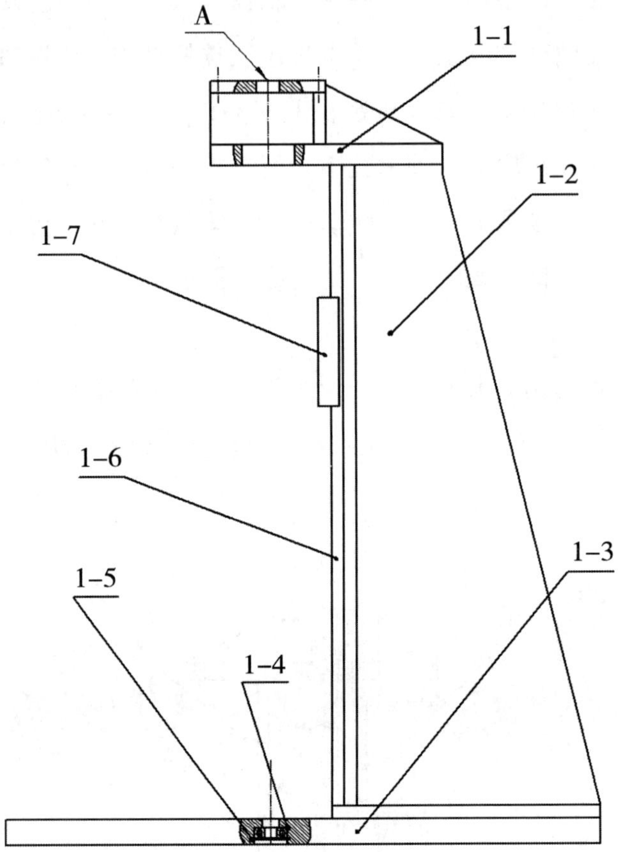

图4-10-2　支架总成1主视图

图4-10-3是本实用新型中传动组件2结构示意图。图中，传动电机2-1，弹性联轴器2-2，滚珠螺杆2-3，滚珠螺母2-4，圆螺母2-5；传动电机与滚珠螺杆用弹性联轴器连接，用螺钉锁定，滚珠螺母拧在滚珠螺杆上，滚珠螺母装入传动电机支架孔中后，用圆螺母锁定。

图4-10-4是本实用新型中转动组件3结构示意图。图4-10-4中，转动电机3-1，转动电机支架3-2，主轴3-3，轴承盖3-4，轴承3-5，转动电机输出轴上有平键；主轴上部有孔和键槽，主轴二端装轴承后装入转动电机支架孔中，盖上轴承盖，用螺栓紧固；再与转动电机连接，用螺栓紧固。

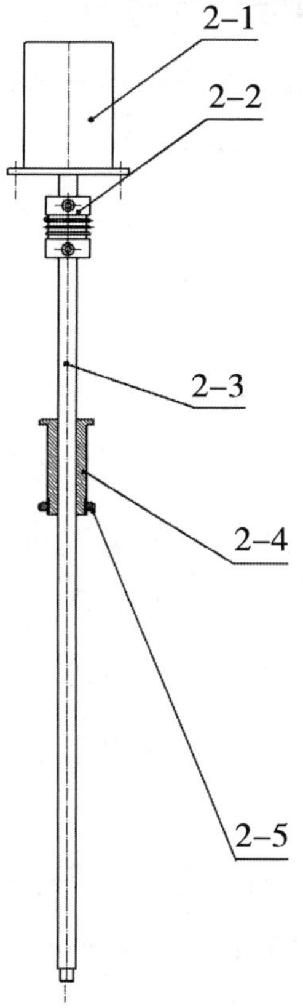

图4-10-3　传动组件2结构示意图

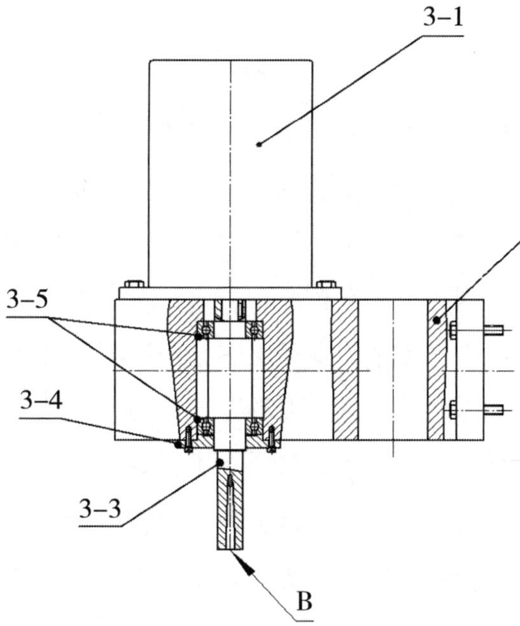

图4-10-4　转动组件3结构示意图

具体实施方式

一种阀体精铰孔设备，由支架总成1、传动组件2和转动组件组成3，其特征在于，传动组件中的电机装在支架总成上部，用螺栓紧固；转动组件中支架装在直线导轨的滑板上，用螺栓紧固；所述支架总成由上座、立柱、底板、轴承、孔用挡圈、直线导轨和导轨滑台组成，导轨滑台可在直线导轨上滑动；所述上座、立柱、底板均由钢板焊成后焊为一体，上座上有A孔，底板有孔；导轨滑台装在直线导轨上，直线导轨用螺钉紧固在立柱上；轴承装在底座的孔中，用孔用挡圈限位；所述传动组件是由传动电机、弹性联轴器、滚珠螺杆、滚珠螺母和圆螺母组成，滚珠螺母拧在滚珠螺杆上，传动电机与滚珠螺杆用弹性联轴器连接，用螺钉紧固后，将传动组件中的传动电机装在上座上，止口与A孔配合，用螺栓紧固，滚珠螺杆下部伸入装在底板的轴承孔中；所述转动组件是由转动电机、传动电机支架、主轴、轴承和轴承盖组成，转动电机支架装在导轨滑台上，用螺栓紧固，滚珠螺母装入转动电机支架的孔中，用圆螺母锁定。转动电机转动带动滚珠丝杆转动带动转动组件移动，转动电机转动带动主轴转动，主轴B孔为锥孔，用于安装精铰刀；转动电机转动带动精铰刀转动，转动电机正反转动带动转动电机支架上下移动，带动精铰刀上下移动，完成精铰孔工作。转动电机、转动电机转动速度和方向由控制箱控制。

一种阀体精铰孔设备说明书摘要

一种阀体精铰孔设备，由支架总成、传动组件和转动组件组成，其特征在于，传动组件中的电机装在支架总成上部，用螺栓紧固；转动组件中支架装在直线导轨的滑板上，用螺栓紧固；所述支架总成由上座、立柱、底板、轴承、孔用挡圈、直线导轨和导轨滑台组成；所述传动组件由传动电机、弹性联轴器、滚珠螺杆、滚珠螺母和圆螺母组成；所述转动组件装在导轨滑台上，用螺栓紧固，滚珠螺母装入转动电机支架的孔中，用圆螺母锁定。转动电机转动带动滚珠丝杆转动带动转动组件移动，转动电机转动带动主轴转动，主轴B孔为锥孔，用于安装精铰刀；转动电机转动带动精铰刀转动，转动电机正反转动带动转动电机支架上下移动，带动精铰刀上下移动，完成精铰孔工作。摘要附图请见图4-10-1。

4.11 一种阀体多件装夹装置（202220748478.2）

一种阀体多件装夹装置权利要求书

一种阀体多件装夹装置，由底板1、压板组件Ⅰ2、夹紧装置3和压板组件Ⅱ4组成，其特征在于，夹紧装置用螺栓紧固在底板上，压板组件Ⅰ、压板组件Ⅱ用螺栓与夹紧装置连接；所述底板由上底板、下底板和定位销组成，上底板、下底板用螺钉连为一体，定位销装在上底板的孔中；所述压板组件由长压板Ⅰ和短压板Ⅰ组成，用螺栓连为一体；长压板Ⅰ上有3个与油缸活塞杆连接的孔；所述夹紧装置由油缸、圆螺母连接杆和连接螺栓组成，连接杆拧入油缸活塞杆的螺孔中，用圆螺母锁定；所述压板组件Ⅱ由长压板Ⅱ和短压板Ⅱ组成，长压板Ⅱ与短压板Ⅱ用螺栓连为一体；长压板Ⅱ上有3个与油缸活塞杆连接的孔。

一种阀体多件装夹装置说明书

技术领域

本实用新型涉及机械制造领域，特别涉及夹具设计技术领域。

背景技术

目前，阀体在加工中心上加工多采用手工装夹，劳动强度大，辅助时间多，因此，必须发明一种液压夹紧夹具，代替手工装夹。

发明内容

本实用新型就是为了解决这一难题，发明一种结构简单，使用方便，通用性好的阀体加工。

一种阀体多件装夹装置，由底板、压板组件Ⅰ、夹紧装置和压板组件Ⅱ组成，其特征在于，夹紧装置用螺栓紧固在底板上，压板组件Ⅰ、压板组件Ⅱ用螺栓与夹紧装置连接；所述底板由上底板、下底板和定位销组成，上底板、下底板用螺钉连为一体，定位销装在上底板的孔中；所述压板组件由长压板Ⅰ和短压板Ⅰ组成，用螺栓连为一体；长压板Ⅰ上有3个与油缸活塞杆连接的孔；所述夹紧装置由油缸、圆螺母连接杆和连接螺栓组成，连接杆拧入油缸活塞杆的螺孔中，用圆螺母锁定；所述压板组件Ⅱ由长压板Ⅱ和短压板Ⅱ组成，长压板Ⅱ与短压板Ⅱ用螺栓连为一体；长压板Ⅱ上有3个与油缸活塞杆连接的孔。

附图说明

图4-11-1是本实用新型的结构示意图。

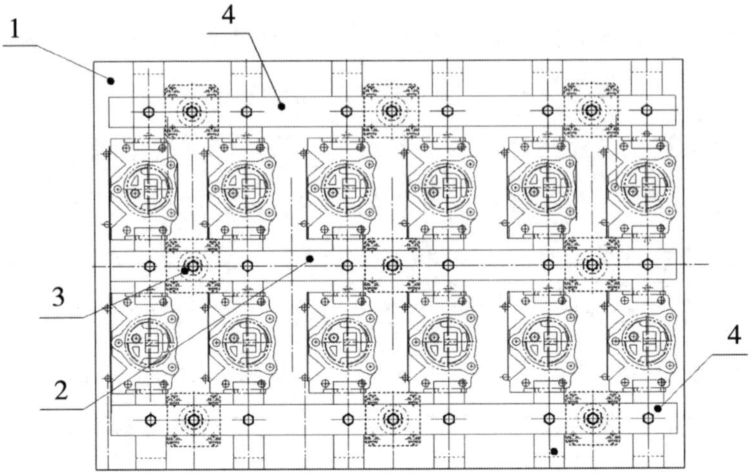

图4-11-1　一种阀体多件装夹装置结构示意图

图4-11-2是本实用新型的俯视示意图。图中，底板1，压板组件Ⅰ2，夹紧装置3，压板组件Ⅱ4。

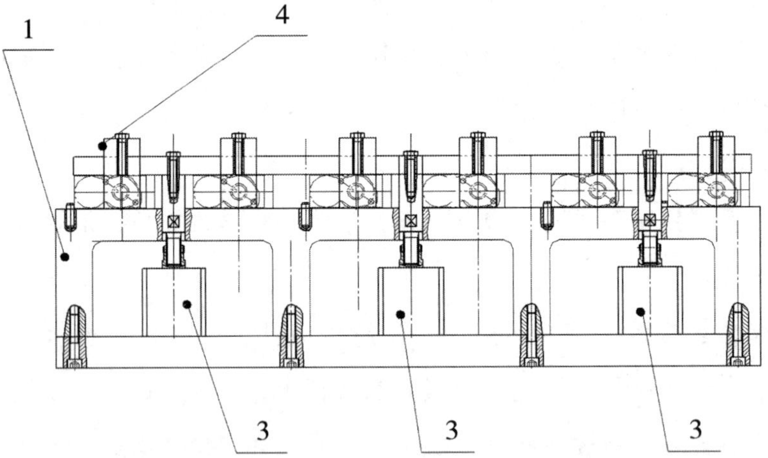

图4-11-2　一种阀体多件装夹装置俯视示意图

图4-11-3是本实用新型中底板1的主视示意图。图中，上底板1-1，下底板1-2，定位销1-3；上底板与下底板用螺栓连为一体。

图4-11-4是本实用新型中底板1俯视示意图。

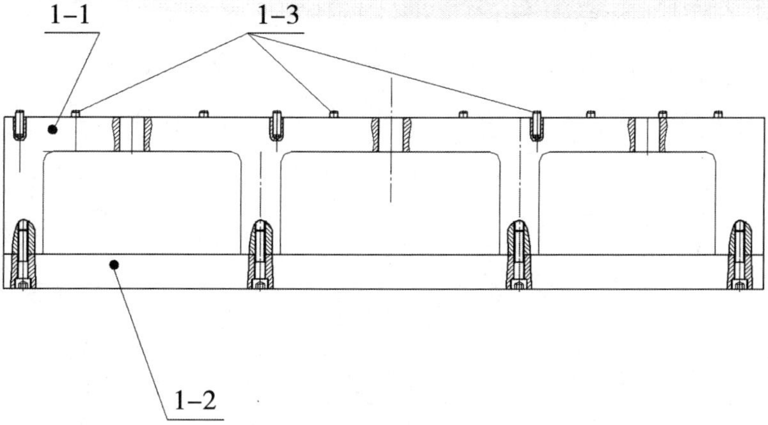

图4-11-3　底板1主视示意图

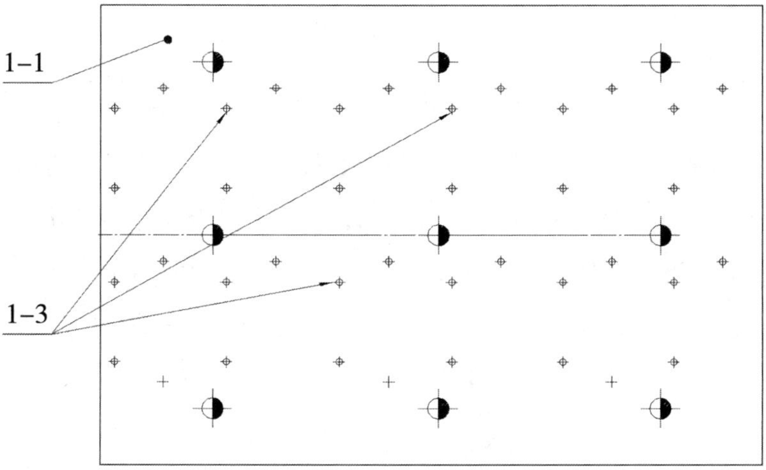

图4-11-4　底板1俯视示意图

图4-11-5是本实用新型中下底板1-2的俯视示意图。图中，12个用于装螺钉与上底板连接的沉孔，9组36个用于装油缸螺钉的螺孔。

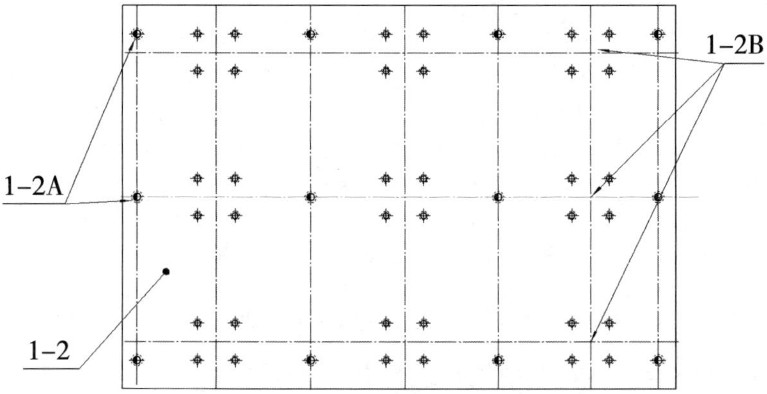

图4-11-5　下底板1-2俯视示意图

图4-11-6是本实用新型中压板组件Ⅰ的俯视示意图。

图4-11-7是图4-11-6的A-A剖面示意图。图中，长压板Ⅰ2-1，短压板Ⅰ2-2，长压板Ⅰ与短压板Ⅰ用螺栓连为一体；长压板Ⅰ上有3个与油缸活塞杆连接的孔。

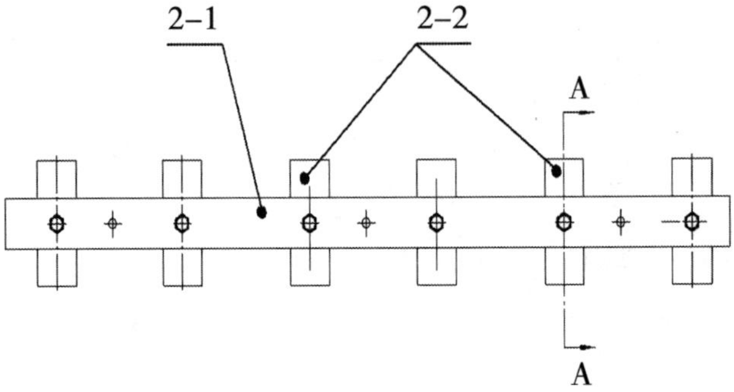

图4-11-6 压板组件Ⅰ俯视示意图

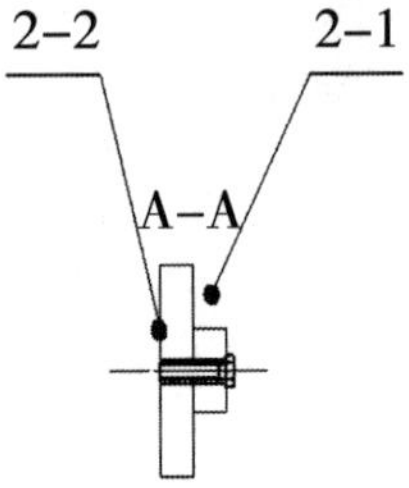

图4-11-7 压板组件ⅠA-A剖面示意图

图4-11-8是本实用新型中夹紧装置3的主视示意图。图中，油缸3-1，圆螺母3-2，连接杆3-3，连接螺栓3-4；连接杆拧入油缸活塞杆的螺孔中，用圆螺母锁定。连接螺栓将连接杆分别与压板组件Ⅰ、压板组件Ⅱ连为一体。

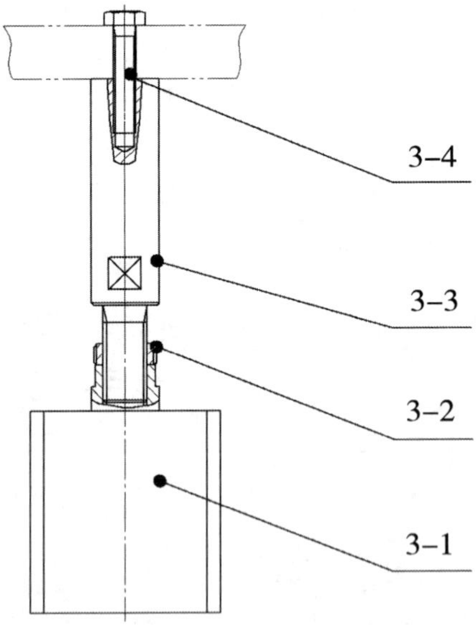

图4-11-8 夹紧装置3主视示意图

图4-11-9是本实用新型中压板组件Ⅱ4的主视示意图。

图4-11-10是本实用新型中压板组件Ⅱ4的侧视示意图。

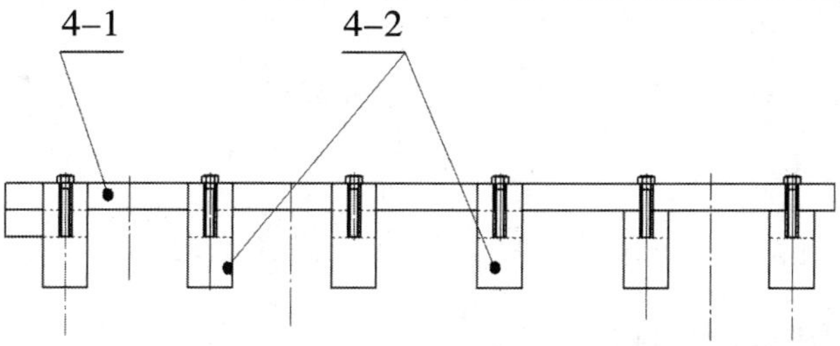

图4-11-9　压板组件Ⅱ4主视示意图

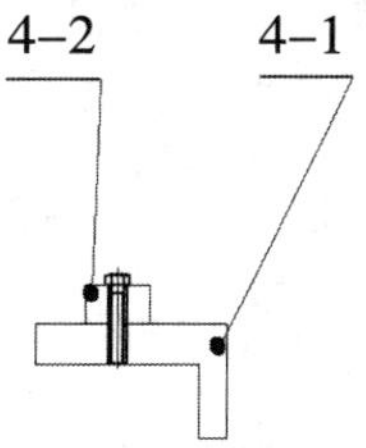

图4-11-10　压板组件Ⅱ4侧视示意图

图4-11-11是本实用新型中压板组件Ⅱ4的俯视示意图。图中，长压板Ⅱ4-1，短压板Ⅱ4-2，长压板Ⅱ与短压板Ⅱ用螺栓连为一体；长压板Ⅱ上有3个与油缸活塞杆连接的孔。

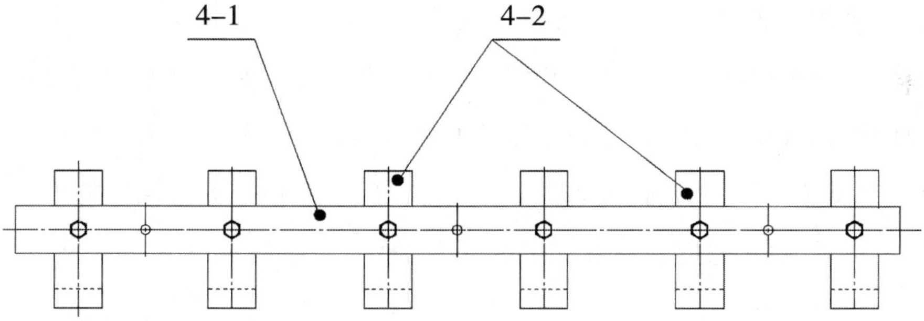

图4-11-11　压板组件Ⅱ4俯视示意图

具体实施方式

对照附图进一步说明：

如图4-11-1、图4-11-2所示，本发明由底板、压板组件Ⅰ、夹紧装置和压板组件Ⅱ组成，夹紧装置用螺栓紧固在底板上，压板组件Ⅰ、压板组件Ⅱ用螺栓与夹紧装置连接。

如图4-11-3、图4-11-4所示，上底板、下底板用螺栓连为一体，定位销装在上底板的孔中。

如图4-11-5所示，下底板上有12个用于装螺钉与上底板连接的沉孔，9组36个用于装油缸螺钉的螺孔。

如图4-11-6、图4-11-7所示，长压板Ⅰ与短压板Ⅰ用螺栓连为一体；长压板Ⅰ上有3个与油缸活塞杆连接的孔。

如图4-11-8所示，连接杆拧入油缸活塞杆的螺孔中，用圆螺母锁定。

如图4-11-9～图4-11-11所示，长压板Ⅱ与短压板Ⅱ用螺栓连为一体；长压板Ⅱ上有3个与油缸活塞杆连接的孔。

装夹工件时，工件以平面和3个定位销定位，油缸活塞杆下降时，压紧工件；油缸活塞杆上升时，松开工件。

本装置结构简单，效率高，降低工人劳动强度，深受操作者欢迎。

一种阀体多件装夹装置说明书摘要

一种阀体多件装夹装置，是由底板、压板组件Ⅰ、夹紧装置和压板组件Ⅱ组成，其特征在于，夹紧装置用螺栓紧固在底板上，压板组件Ⅰ、压板组件Ⅱ用螺栓与夹紧装置连接；所述底板由上底板、下底板和定位销组成，上底板、下底板用螺钉连为一体，定位销装在上底板的孔中；所述压板组件由长压板Ⅰ和短压板Ⅰ组成，用螺栓连为一体；所述夹紧装置由油缸、圆螺母连接杆和连接螺栓组成，连接杆拧入油缸活塞杆的螺孔中，用圆螺母锁定；所述压板组件Ⅱ由长压板Ⅱ和短压板Ⅱ组成，长压板Ⅱ与短压板Ⅱ用螺栓连为一体。装夹工件时，工件以平面和3个定位销定位，油缸活塞杆下降时，压紧工件；油缸活塞杆上升时，松开工件。摘要附图请见图4-11-1。

4.12 一种压板滑移式焊接夹具（202010470990.0）

一种压板滑移式焊接夹具权利要求书

一种压板滑移式焊接夹具，由弹性滚轮支承架1、底板2、移动式压板3、开口垫圈4和拉紧油缸5组成，其特征在于，弹性滚轮支承架和拉紧油缸用螺栓安装在底板，移动式压板上的槽底支承在弹性滚轮支承架的滚轮上，开口垫圈卡入拉紧油缸活塞杆槽内；所述弹性滚轮支承架由内六角圆柱端紧定螺钉1–1、螺母1–2、轴用挡圈1–3、滚轮1–4、销轴1–5、滑柱1–6、支承座1–7和弹簧1–8组成，滑柱、弹簧装在支承座孔中，内六角圆柱端紧定螺钉拧入支承座的螺孔中，圆柱部分伸入滑柱槽内；拉紧油缸由底座5–1、缸筒5–2、活塞杆5–3、压盖5–4、油口Ⅰ5–5、油口Ⅱ5–6、放油塞5–7组成，活塞杆装在缸筒孔中，油口Ⅰ、油口Ⅱ和放油塞装在缸筒上，压盖用螺栓紧固在缸筒上。

一种压板滑移式焊接夹具说明书

技术领域

本实用新型涉及机械制造领域，特别涉及工艺装备制造领域。

背景技术

在机械加工过程中，当压板很大很重时，移出压板很不方便，需要使用起重设备，如果操作不当，甚至会发生事故。

发明内容

本实用新型是为了克服上述不足，在工件焊接结束后，将压板滑移。

一种压板滑移式焊接夹具，由弹性滚轮支承架、底板、移动式压板、开口垫圈和拉紧油缸组成，其特征在于，弹性滚轮支承架和拉紧油缸用螺栓安装在底板，移动式压板上的槽底支承在弹性滚轮支承架的滚轮上，开口垫圈卡入拉紧油缸活塞杆槽内；所述弹性滚轮支承架由内六角圆柱端紧定螺钉、螺母、轴用挡圈、滚轮、销轴、滑柱、弹簧和支承座组成，滑柱、弹簧装在支承座孔中，内六角圆柱端紧定螺钉拧入支承座的螺孔中，圆柱部分伸入滑柱槽内；拉紧油缸由底座、缸筒、活塞杆、压盖、油口Ⅰ、油口Ⅱ、放油塞组成，活塞杆装在缸筒孔中，油口Ⅰ、油口Ⅱ和放油塞装在缸筒上，压盖用螺栓紧固在缸筒上。

附图说明

图4-12-1是本实用新型结构示意图。

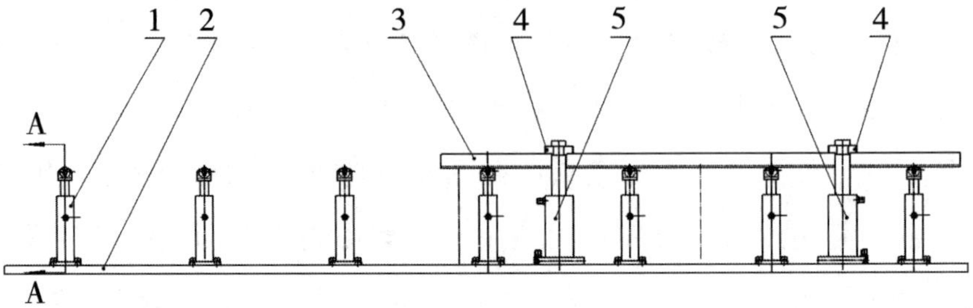

图4-12-1　一种压板滑移式焊接夹具结构示意图

图4-12-2是本实用新型的俯视示意图。图中，弹性滚轮支承架1，底板2，移动式压板3，开口垫圈4，拉紧油缸5。

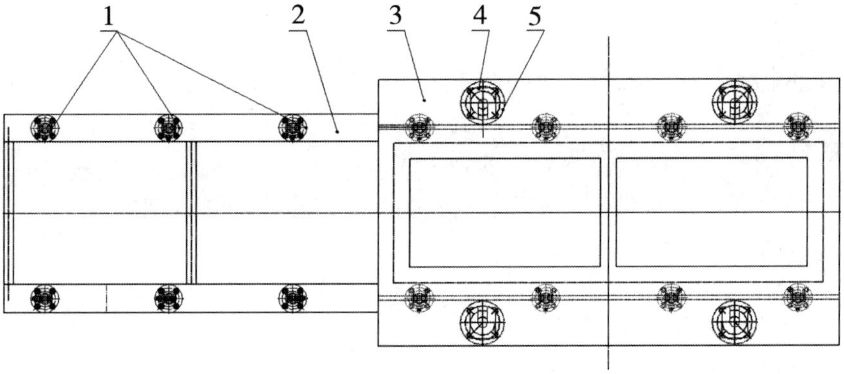

图4-12-2　一种压板滑移式焊接夹具俯视示意图

图4-12-3本实用新型底板2俯视示意图。图中，底板由钢板焊接而成，上面有安装弹性滚轮支承架1和拉紧油缸5用的螺孔。

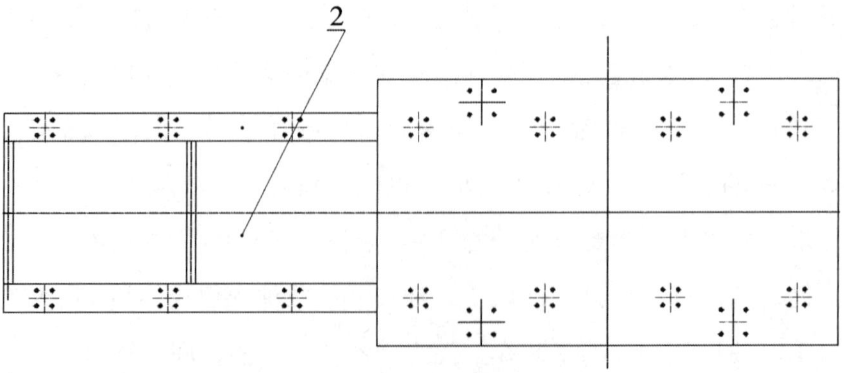

图4-12-3　底板2俯视示意图

图4-12-4是移动式压板3的俯视示意图，上面有4个孔3-1，油缸活塞从孔中穿过。

图4-12-5是移动式压板3的侧视示意图，上面有2条导向槽3-2，移动式压板2条槽的底面支承在滚轮上，2条导向槽起导向作用。

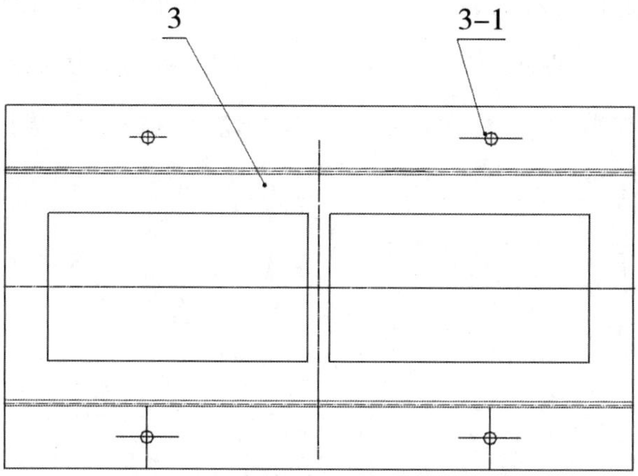

图4-12-4　移动式压板3俯视示意图

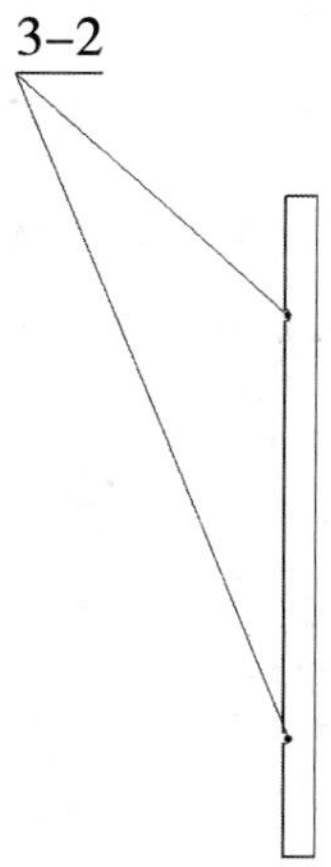

图4-12-5　移动式压板3侧视示意图

图4-12-6是弹性滚轮支承架1的剖面示意图。图中，内六角圆柱端紧定螺钉1-1，螺母1-2，轴用挡圈1-3，滚轮1-4，销轴1-5，滑柱1-6，滑柱上有槽，内六角圆柱端紧定螺钉的圆柱部分伸入槽内，支承座1-7，用螺栓紧固在底板上；弹簧1-8；移动式压板3上的导向槽支承在滚轮支承架的滚轮上，压紧工件时，弹簧被压紧压缩，当松开移动式压板时，弹簧伸长，移动式压板抬起。

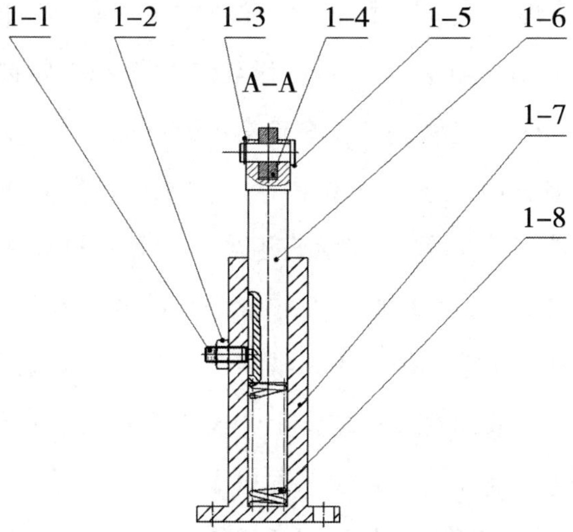

图4-12-6　弹性滚轮支承架1剖面示意图

图4-12-7是开口垫圈4的示意图，使用时，开口卡在拉紧油缸5的槽中。

图4-12-8是拉紧油缸5的剖面示意图。图中，油缸底座5-1，用螺栓安装在底板上，缸筒5-2，活塞杆5-3，上部有槽，用于卡入开口压板4，压盖5-4用螺栓紧固在缸筒5-2上，压盖孔和平面上有密封圈，防止漏油，油口Ⅰ5-5，油口Ⅱ5-6，放油塞5-7，压力油从油口Ⅰ进入时，活塞杆下移，压力油从油口Ⅱ进入时，活塞杆上移；当开口压板卡入活塞杆槽内，活塞杆下移时，移动式压板压紧工件；活塞杆上移，移动式压板在弹簧的作用下顶起，移去开口压板，活塞杆再下移时，移动式压板可在滚轮上滑离。

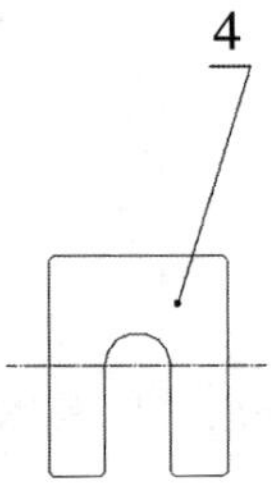

图4-12-7　开口垫圈4示意图

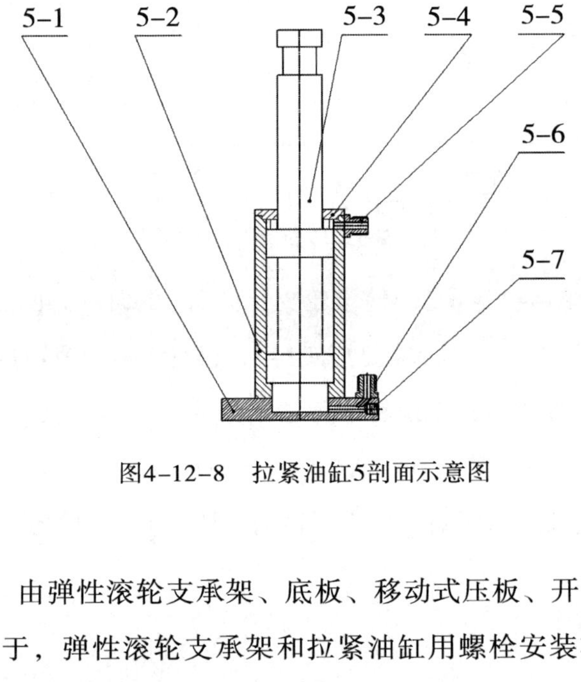

图4-12-8　拉紧油缸5剖面示意图

具体实施方式

一种压板滑移式焊接夹具，由弹性滚轮支承架、底板、移动式压板、开口垫圈和拉紧油缸组成，其特征在于，弹性滚轮支承架和拉紧油缸用螺栓安装在底板，移动式压板上的槽底支承在弹性滚轮支承架的滚轮上，开口垫圈卡入拉紧油缸活塞杆槽内；所述弹性滚轮支承架由内六角圆柱端紧定螺钉、螺母、轴用挡圈、滚轮、销轴、滑柱、弹簧和支承座组成，滑柱、弹簧装在支承座孔中，内六角圆柱端紧定螺钉拧入支承座的螺孔中，圆柱部分伸入滑柱槽内；拉紧油缸由底座、缸筒、活塞杆、压盖、油口Ⅰ、油口Ⅱ、放油塞组成，活塞杆装在缸筒孔中，油口Ⅰ、油口Ⅱ和放油塞装在缸筒上，压盖用螺栓紧固在缸筒上，压盖孔和平面上有密封圈，防止漏油；压力油从油口Ⅰ进入时，活塞杆下移，压紧工件；压力油从油口Ⅱ进入时，活塞杆上移松开工件。

一种压板滑移式焊接夹具说明书摘要

一种压板滑移式焊接夹具，由弹性滚轮支承架、底板、移动式压板、开口垫圈和拉紧油缸组成，弹性滚轮支承架和拉紧油缸用螺栓安装在底板，移动式压板上的槽底支承在弹性滚轮支承架的滚轮上，开口垫圈卡入拉紧油缸活塞杆槽内；所述弹性滚轮支承架由内六角圆柱端紧定螺钉、螺母、轴用挡圈、滚轮、销轴、滑柱、弹簧和支承座组成，滑柱、弹簧装在支承座孔中，内六角圆柱端紧定螺钉拧入支承座的螺孔中，圆柱部分伸入滑柱槽内；拉紧油缸由底座、缸筒、活塞杆、压盖、油口Ⅰ、油口Ⅱ、放油塞组成，活塞杆装在缸筒孔中，油口Ⅰ、油口Ⅱ和放油塞装在缸筒上，压盖用螺栓紧固在缸筒上；压力油从油口Ⅰ进入时，活塞杆下移，压紧工件；压力油从油口Ⅱ进入时，活塞杆上移松开工件。摘要附图请见图4-12-1。

4.13 一种自应力夹紧装置(202022524504.7)

一种自应力夹紧装置权利要求书

一种自应力夹紧装置，由带锥柄本体1、外套2、压力调节背帽3、碟形压缩弹簧4、压缩弹簧座5、推杆6、液性塑料7、薄壁套8、顶紧螺钉9和注塑放气螺钉10组成，其特征在于，压缩弹簧座装入外套B孔中，将6组碟形压缩弹簧装入压缩弹簧座的孔中，拧入压力调节背帽，将6件推杆装入外套的6个孔中，装入薄壁套，用6个螺钉紧固，注入液性塑料，用注塑放气螺钉封紧；将装配好的组件与带锥柄本体连接，用螺钉紧固；装入顶紧螺钉。

一种自应力夹紧装置说明书

技术领域

本发明涉及机械技术领域，特别涉及精密机械加工技术领域。

背景技术

要保证轴套孔与外圆的同轴度，需要使用夹具，对于一些薄壁件，夹紧时容易产生变形，夹紧薄壁件的夹具，一般结构较复杂，精度要求高。

发明内容

本发明就是要设计制造一种结构简单、制造方便、精度高的薄壁件孔加工夹具。

一种自应力夹紧装置，由带锥柄本体、外套、压力调节背帽、碟形压缩弹簧、压缩弹簧座、推杆、液性塑料、薄壁套、顶紧螺钉和注塑放气螺钉组成，其特征是，压缩弹簧座装入外套B孔中，将6组碟形压缩弹簧装入压缩弹簧座的孔中，拧入压力调节背帽，将6件推杆装入外套的6个孔中，装入薄壁套，用6个螺钉紧固，注入液性塑料，用注塑放气螺钉封紧；将装配好的组件与带锥柄本体连接，用螺钉紧固；装入顶紧螺钉。

附图说明

图4-13-1是本发明的结构示意图。图中，带锥柄本体1，外套2，压力调节背帽3，碟形压缩弹簧4，压缩弹簧座5，推杆6，液性塑料7，薄壁套8，顶紧螺钉9，注塑放气螺钉10。

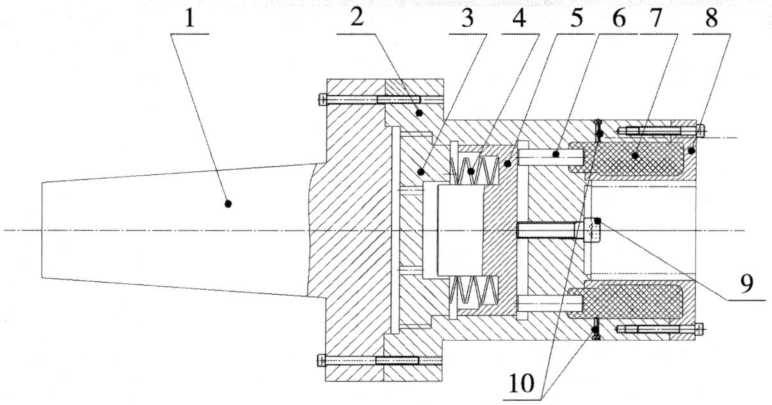

图4-13-1　一种自应力夹紧装置结构示意图

图4-13-2是本发明中的外套2的主视示意图。图中，A为内螺纹，用于装压力调节背帽3；B为圆孔，用于装压缩弹簧座5；C为6个均匀分布的圆孔，用于装推杆6；E为装注塑放气螺钉螺孔；D为内螺纹，用于装顶紧螺钉9。

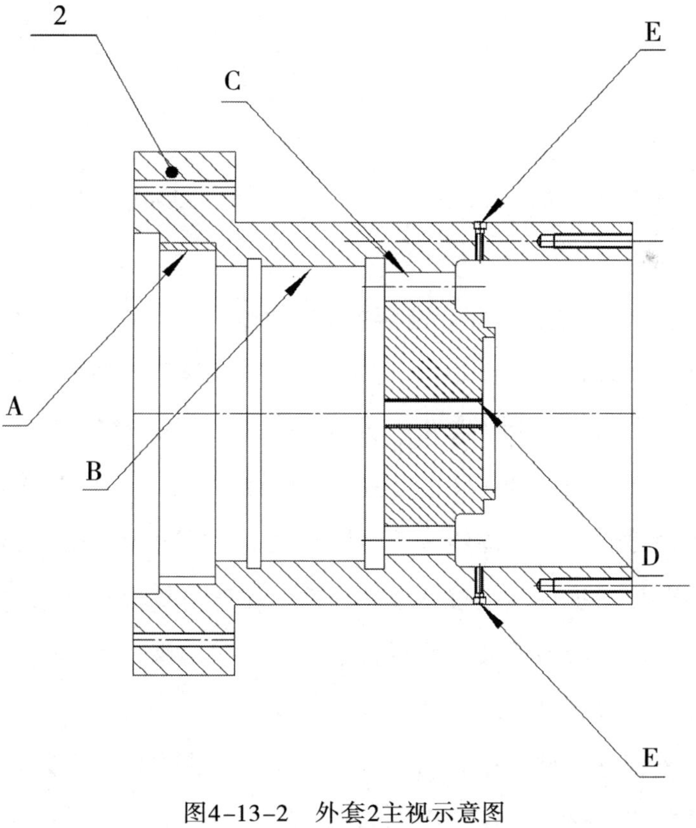

图4-13-2　外套2主视示意图

图4-13-3是本发明中压缩弹簧座5的剖面示意图。图中，压缩弹簧座5上均匀分布有6个孔F，用于装6组碟形压缩弹簧。

图4-13-4是本发明中薄壁套8的剖面示意图。图中，G为薄壁孔，依靠薄壁孔的变形夹紧工件。

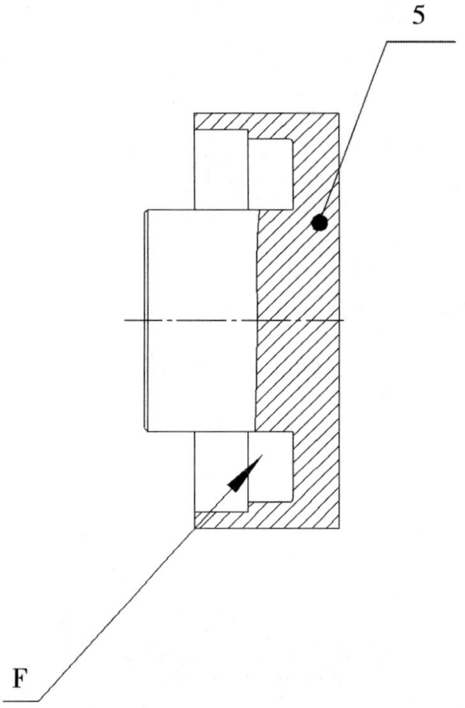

图4-13-3　压缩弹簧座5剖面示意图

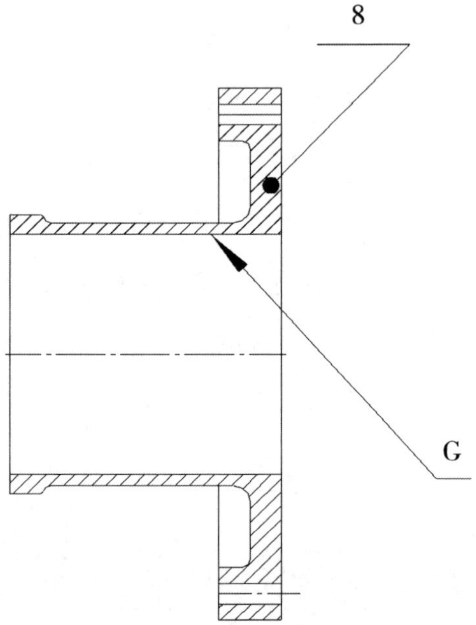

图4-13-4　薄壁套8剖面示意图

具体实施方式

一种自应力夹紧装置，由带锥柄本体、外套、压力调节背帽、碟形压缩弹簧、压缩弹簧座、推杆、液性塑料、薄壁套、顶紧螺钉和注塑放气螺钉组成，其特征是，压缩弹簧座装入外套B孔中，将6组碟形压缩弹簧装入压缩弹簧座的孔中，拧入压力调节背帽，将6件推杆装入外套的6个孔中，装入薄壁套，用6个螺钉紧固，注入液性塑料，用注塑放气螺钉封紧；为了方便装配，将装配件放在垂直位置，将装配好的组件与带锥柄本体连接，用螺钉螺固；装入顶紧螺钉，顶紧螺钉顶紧压缩弹簧座，薄壁套承受压力小，松开时，碟形压缩弹簧被压缩；松开时碟形压缩弹簧通过推杆压缩液性塑料，使薄壁套内径减小，夹紧工件；由于靠薄壁套变形压紧薄壁工件，压力均匀，通过调节背帽来调节夹紧力大小，这样，薄壁套通过释放应力夹紧工件，压力基本恒定。

一种自应力夹紧装置说明书摘要

一种自应力夹紧装置，由带锥柄本体、外套、压力调节背帽、碟形压缩弹簧、压缩弹簧座、推杆、液性塑料、薄壁套、顶紧螺钉和注塑放气螺钉组成，其特征是，压缩弹簧座装入外套B孔中，将6组碟形压缩弹簧装入压缩弹簧座的孔中，拧入压力调节背帽，将6件推杆装入外套的6个孔中，装入薄壁套，用6个螺钉紧固，注入液性塑料，用注塑放气螺钉封紧；为了方便装配，将装配件放在垂直位置，将装配好的组件与带锥柄本体连接，用螺钉螺固；装入顶紧螺钉，顶紧螺钉顶紧压缩弹簧座，薄壁套承受压力小，松开时，碟形压缩弹簧被压缩；松开时碟形压缩弹簧通过推杆压缩液性塑料，使薄壁套内径减小，夹紧工件；由于靠薄壁套变形压紧薄壁工件，压力均匀，通过调节背帽来调节夹紧力大小，这样，薄壁套通过释放应力夹紧工件，压力基本恒定。摘要附图请见图4-13-1。

4.14 一种端面焊接装置（202220130315.8）

一种端面焊接装置权利要求书

一种端面焊接装置，由回转支承1、盖板2、定心轴承座组件3和传动机构4所组成，其特征在于，回转支承用地脚螺栓紧固在地面孔洞底部，3件定心轴承座组件按照120° 等分，用螺栓紧固在盖板上；传动机构用螺栓紧固在盖板上；所述回转支承由轴承座1-1、转轴1-2和滚珠轴承1-3组成，滚珠轴承装在轴承座的槽中，用转轴定心；所述定心轴承座组件由定心轴承座3-1、圆弧滚子轴承3-2和销3-3组成，圆弧滚子轴承装在定心轴承座的槽中，用销定心；所述传动机构由被动齿轮4-1、主动齿轮4-2、伺服电机4-3和内六角平端紧定螺钉4-4组成，被动齿轮套在被焊接工件上，用内六角平端紧定螺钉调节紧固，主动齿轮套在伺服电机的输出轴上，用平键传递扭矩，用螺栓加垫圈紧固。

一种端面焊接装置说明书

技术领域

本发明涉及机械制造技术领域，特别涉及焊接技术领域。

背景技术

厚钢管焊接有V形圆焊缝的法兰时，可以采用机器人，但投资较多，一般采用手工焊接，劳动强度大，质量不易保证。

发明内容

本实用新型是一种介于机器人焊接和手工焊接的装置，投资少，效率高。

一种端面焊接装置，由回转支承、盖板、定心轴承座组件和传动机构所组成，其特征在于，回转支承用地脚螺栓紧固在地面孔洞底部，3件定心轴承座组件按照120° 等分，用螺栓紧固在盖板上；传动机构用螺栓紧固在盖板上；所述回转支承由轴承座、转轴和滚珠轴承组成，滚珠轴承装在轴承座的槽中，用转轴定心；所述定心轴承座组件由定心轴承座、圆弧滚子轴承和销组成，圆弧滚子轴承装在定心轴承座的槽中，用销定心；所述传动机构由被动齿轮、主动齿轮、伺服电机和内六角平端紧定螺钉组成，被动齿轮套在被焊接工件上，用内六角平端紧定螺钉调节紧固，主动齿轮套在伺服电机的输出轴上，用平键传递扭矩，用螺栓加垫圈紧固。

附图说明

图4–14–1是本实用新型中被加工零件的示意图。图中，零件为厚钢管，上下焊有法兰，焊缝剖面形状为V形圆焊缝。

图4–14–2是本实用新型的结构示意图。

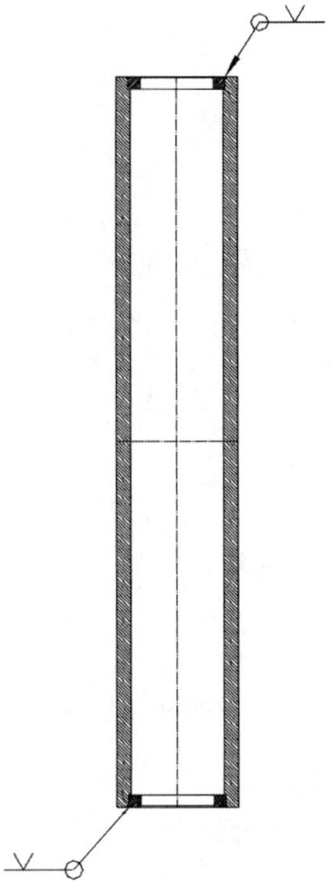

图4–14–1　被加工零件示意图

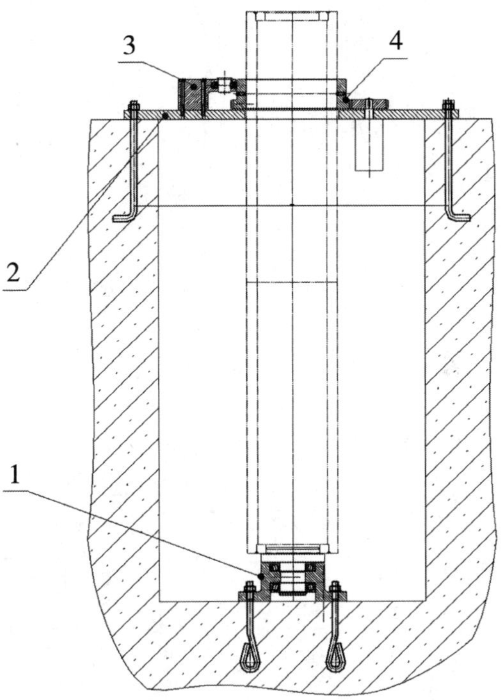

图4–14–2　一种端面焊接装置结构示意图

图4–14–3是本实用新型的俯视示意图。图中，回转支承1用地脚螺栓紧固在孔底，盖板2用L形地脚螺栓固定在地面，可拆下；3件定心轴承座组件按照120° 等分，用螺栓紧固在盖板上，传动机构4中传动电机用螺栓紧固在盖板上，大齿轮用内六角紧定螺钉紧固在工件上。

图4–14–4是本实用新型中回转支承1的剖面示意图。图中，轴承座1–1用地脚螺栓固定，转轴1–2和滚珠轴承1–3装在轴承座中，地脚螺栓1–4浇灌在混凝土中。

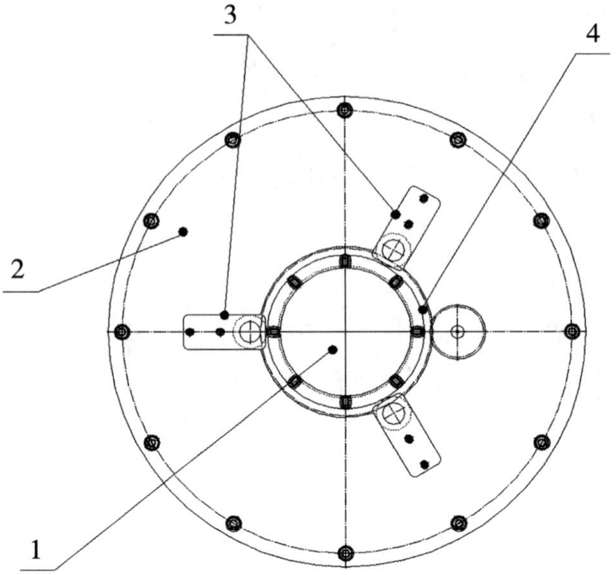

图4-14-3　一种端面焊接装置俯视示意图

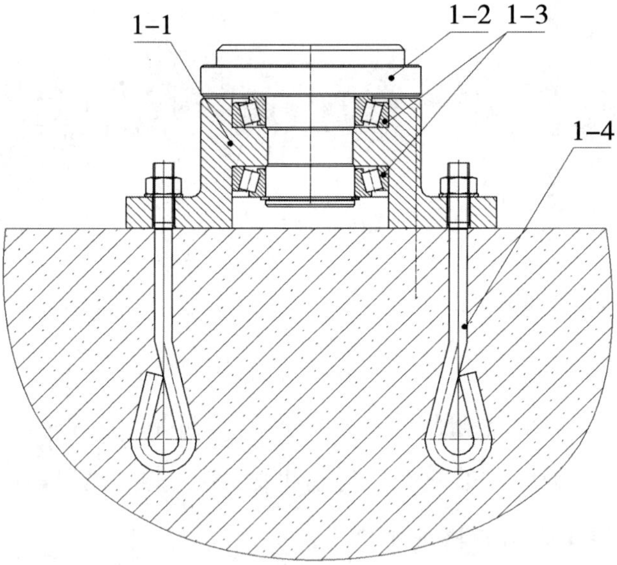

图4-14-4　回转支承1剖面示意图

图4-14-5是本实用新型中定心轴承座组件3的剖面示意图。图中，定心轴承座3-1按照120° 等分均布在盖板上，用螺钉紧固，前后位置可调节，圆弧滚子轴承3-2装在定心轴承座的槽中，插入销3-3定心。

图4-14-6是本实用新型中传动机构4的剖面示意图。图中，被动齿轮4-1套在被焊接工件上，用内六角平端紧定螺钉4-4调节紧固，主动齿轮4-2套在伺服

电机4-3的输出轴上，用平键传递扭矩，用螺栓加垫圈紧固，伺服电机用螺栓紧固在盖板上。

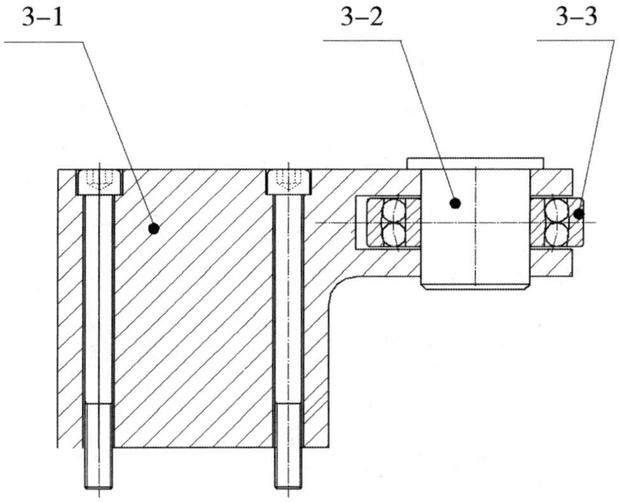

图4-14-5　定心轴承座组件3剖面示意图

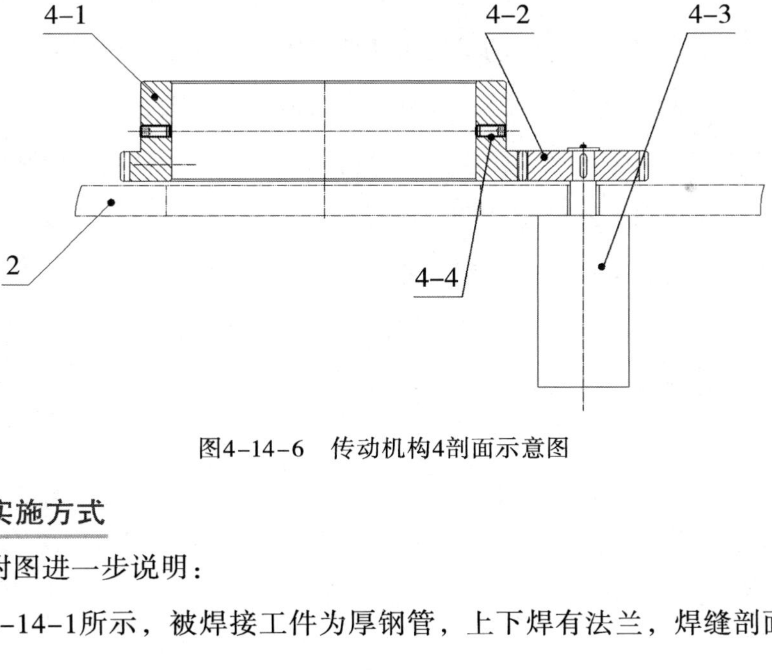

图4-14-6　传动机构4剖面示意图

具体实施方式

对照附图进一步说明：

如图4-14-1所示，被焊接工件为厚钢管，上下焊有法兰，焊缝剖面形状为V形圆焊缝。

如图4-14-2、图4-14-3所示，回转支承用地脚螺栓紧固在孔底，盖板用L形地脚螺栓固定在地面，可拆下；3件轴承座组件按照120° 等分，用螺栓紧固在盖板上，传动机构中传动电机用螺栓紧固在盖板上，大齿轮用内六角紧定螺钉紧固在工件上。

如图4-14-4所示，轴承座用地脚螺栓固定，转轴和滚珠轴承装在轴承座中，地脚螺栓浇灌在混凝土中。

如图4-14-5所示，定心轴承座用螺钉3等分均布在盖板上，前后位置可调节，圆弧滚子轴承3-2装在定心轴承座的槽中，插入销3-3定心。

如图4-14-6所示，被动齿轮套在被焊接工件上，用内六角平端紧定螺钉调节紧固，主动齿轮套在伺服电机的输出轴上，用平键传递扭矩，用螺栓加垫圈紧固，伺服电机用螺栓紧固在盖板上。

焊接时，工件支承在回转支承上，主动齿轮带动被动齿轮旋转从而带动工件旋转，焊枪进行焊接。

一种端面焊接装置说明书摘要

一种端面焊接装置，由回转支承、盖板、定心轴承座组件和传动机构所组成，回转支承用地脚螺栓紧固在地面孔洞底部，3件定心轴承座组件按照120° 等分，用螺栓紧固在盖板上；传动机构用螺栓紧固在盖板上；所述回转支承由轴承座、转轴和滚珠轴承组成；所述定心轴承座组件由定心轴承座、圆弧滚子轴承和销组成；所述传动机构由被动齿轮、主动齿轮、伺服电机和内六角平端紧定螺钉组成，被动齿轮套在被焊接工件上，用内六角平端紧定螺钉调节紧固，主动齿轮套在伺服电机的输出轴上，用平键传递扭矩，用螺栓加垫圈紧固。焊接时，工件支承在回转支承上，主动齿轮带动被动齿轮旋转从而带动工件旋转，焊枪进行焊接。摘要附图请见图4-14-2。

第二部分

专利文件格式

1. 申请后提交的文件清单

申请后提交文件清单

申请号或专利号：							
F/11101	发明专利请求书	份共	页	Fj/10803	强制许可请求书		页
F/12101	实用新型专利请求书	份共	页	Fh/10804	强制许可使用费用数额裁决请求书		页
F/13101	外观设计专利请求书	份共	页	J/11201	请求提前公布声明		页
C/10002	权利要求书	份共	页	K/11301	实质审查请求书		页
B/10003	说明书	份共	页	Xj/12301	实用新型专利检索报告请求书		页
E/10004	说明书附图	份共	页	R/13102	外观设计图片或照片	份共	页
D/10005	说明书摘要	份共	页	S/13103	外观设计简要说明	份共	页
De/10006	摘要附图	份共	页	P/10018	申请文件副本		页
A/10007	补正书	份共	页	g/11102	生物材料保藏证明	份共	页
I/10008	专利代理委托书		份	Z/10019	不丧失新颖性证明	份共	页
H/10009	费用减缓请求书		份	N/11103	实质审查参考资料	份共	页
U/10010	延长期限请求书		份	Mg/10020	著录项目变更理由证明	份共	页
Hu/10011	恢复权利请求书		份	Mg/10021	专利管理机关处理决定	份共	页
L/10012	意见陈述书(关于费用)	份共	页	Mg/10022	人民法院判决书	份共	页
L/10013	意见陈述书(通用)	份共	页	r/10201	优先权转让证明	份共	页
T/10014	撤回专利申请声明		份	r中/10202	优先权转让证明中文本		页
Fs/10015	办理文件副本请求书		份		行政复议请求书	共	页
Fy/10016	附页	份共	页	0/10023	信　　函	份共	页
Gz/10017	更正错误请求书		份	Pu/10203	优先权文件副本	份共	页
W/10401	复审请求书		份	Pu中/10204	优先权文件副本首页译文	份共	页
Fy/10402	复审无效程序中的意见陈述书	份共	页	ZM/10024	其他证明文件	份共	页
Fh/10403	复审无效程序中的恢复权利请求书	份共	页	10211	撤回优先权声明	份共	页
Y/10601	专利权无效宣告请求书	份共	页				
Tf/10501	放弃专利权声明	份共	页				
M/10801	著录项目变更申报书	份共	页				
Fg/10802	中止程序请求书	份共	页				

2. 实用新型专利请求书

实用新型专利请求书

2. 本表第⑦栏实用新型名称应当简短、准确，一般不得超过 25 个字。

<table>
<tr><td colspan="4"></td><td>此框内容由国家知识产权局填写</td></tr>
<tr><td rowspan="2">⑦
实用新型名称</td><td rowspan="2" colspan="3"></td><td>①
申请号　　（实用新型）</td></tr>
<tr><td>②分案
提交日</td></tr>
<tr><td rowspan="3">⑧
发明人</td><td rowspan="3" colspan="3"></td><td>③申请日</td></tr>
<tr><td>④费减审批</td></tr>
<tr><td>⑤向外申请审批</td></tr>
<tr><td colspan="4">⑨第一发明人国籍中国　　居民身份证件号码</td><td>⑥挂号号码</td></tr>
<tr><td rowspan="12">⑩
申请人</td><td rowspan="4">申请人(1)</td><td colspan="2">姓名或名称：</td><td>电话</td></tr>
<tr><td colspan="2">居民身份证件号码或组织机构代码</td><td>电子邮箱[redacted]</td></tr>
<tr><td colspan="3">国籍或注册国家（地区）[redacted]中国　　经常居所地或营业所所在地[redacted]</td></tr>
<tr><td>邮政编码[redacted]</td><td colspan="2">详细地址：</td></tr>
<tr><td rowspan="4">申请人(2)</td><td colspan="2">姓名或名称[redacted]</td><td>电话[redacted]</td></tr>
<tr><td colspan="3">居民身份证件号码或组织机构代码[redacted]</td></tr>
<tr><td colspan="3">国籍或注册国家(地区)[redacted] 中国　　经常居所地或营业所所在地[redacted]</td></tr>
<tr><td>邮政编码[redacted]</td><td colspan="2">详细地址[redacted]</td></tr>
<tr><td rowspan="4">申请人(3)</td><td colspan="2">姓名或名称[redacted]</td><td>电话[redacted]</td></tr>
<tr><td colspan="3">居民身份证件号码或组织机构代码[redacted]</td></tr>
<tr><td colspan="3">国籍或注册国家(地区)[redacted]　　经常居所地或营业所所在地[redacted]</td></tr>
<tr><td>邮政编码[redacted]</td><td colspan="2">详细地址[redacted]</td></tr>
<tr><td rowspan="2">⑪联系人</td><td colspan="2">姓　名[redacted]</td><td>电话</td><td>电子邮箱[redacted]</td></tr>
<tr><td colspan="2">邮政编码[redacted]</td><td colspan="2">详细地址[redacted]</td></tr>
<tr><td colspan="5">⑫代表人为非第一署名申请人时声明　　特声明第____署名申请人为代表人</td></tr>
<tr><td rowspan="4">⑬
专利代理机构</td><td colspan="2">名称[redacted]</td><td colspan="2">机构代码[redacted]</td></tr>
<tr><td rowspan="3">代理人(1)</td><td>姓　名[redacted]</td><td rowspan="3">代理人(2)</td><td>姓　名[redacted]</td></tr>
<tr><td>执业证号[redacted]</td><td>执业证号[redacted]</td></tr>
<tr><td>电　话[redacted]</td><td>电　话[redacted]</td></tr>
</table>

实用新型专利请求书

⑭ 分案申请	原申请号	针对的分案申请号	原申请日 年 月 日

⑮ 要求优先权声明	原受理机构名称	在先申请日	在先申请号	⑯ 不丧失新颖性宽限期声明	□已在中国政府主办或承认的国际展览会上首次展出 □已在规定的学术会议或技术会议上首次发表 □他人未经申请人同意而泄露其内容
				⑰ 保密请求	□本专利申请可能涉及国家重大利益，请求保密处理 □已提交保密证明材料

⑱ 声明本申请人对同样的发明创造在申请本实用新型专利的同日申请了发明专利

⑲ 申请文件清单	⑳ 附加文件清单
1．请求书　份　页	□费用减缓请求书　份　共　页
2．说明书摘要　份　页	□费用减缓请求证明　份　共页
3．摘要附图　份　页	□优先权转让证明　份　共　页
4．权利要求书　份　页	□保密证明材料　份　共　页
5．说明书　份　页	□专利代理委托书　份　共　页
6．说明书附图　份　页	总委托书（编号＿＿＿＿＿＿＿）
	□在先申请文件副本　份
权利要求的项数　项	□在先申请文件副本首页译文　份
	□向外国申请专利保密审查请求书　份　共　页
	□其他证明文件（名称＿＿＿＿＿）　份　共　页

㉑全体申请人或专利代理机构签字或者盖章	㉒国家知识产权局审核意见
年　月　日	年　月　日

120101
2010.4

3. 发明专利请求书

发明专利请求书

请按照“注意事项”正确填写本表各栏

			此框内容由国家知识产权局填写
⑦实用新型名称			①申请号　（实用新型）
			②分案提交日
⑧发明人			③申请日
			④费减审批
			⑤向外申请审批
⑨第一发明人国籍中国　居民身份证件号码			⑥挂号号码
⑩申请人	申请人(1)	姓名或名称：	电话
		居民身份证件号码或组织机构代码	电子邮箱[redacted]
		国籍或注册国家（地区）[redacted]中国　经常居所地或营业所所在地[redacted]	
		邮政编码[redacted]　详细地址：	
	申请人(2)	姓名或名称[redacted]	电话[redacted]
		居民身份证件号码或组织机构代码[redacted]	
		国籍或注册国家(地区)[redacted]　中国　经常居所地或营业所所在地[redacted]	
		邮政编码[redacted]　详细地址[redacted]	
	申请人(3)	姓名或名称[redacted]	电话[redacted]
		居民身份证件号码或组织机构代码[redacted]	
		国籍或注册国家(地区)[redacted]　经常居所地或营业所所在地[redacted]	
		邮政编码[redacted]　详细地址[redacted]	
⑪联系人	姓　名[redacted]	电话	电子邮箱
	邮政编码[redacted]	详细地址[redacted]	
⑫代表人为非第一署名申请人时声明　特声明第____署名申请人为代表人			
⑬专利代理机构	名称[redacted]		机构代码[redacted]
	代理人(1)	姓　名[redacted]	代理人(2) 姓　名[redacted]
		执业证号[redacted]	执业证号[redacted]
		电　话[redacted]	电　话[redacted]

11101
2010.4

发明专利请求书

⑭ 分案申请	原申请号	针对的分案申请号	原申请日 年 月 日

⑮ 要求优先权声明	原受理机构名称	在先申请日	在先申请号

⑯ 不丧失新颖性宽限期声明

- 已在中国政府主办或承认的国际展览会上首次展出
- 已在规定的学术会议或技术会议上首次发表
- 他人未经申请人同意而泄露其内容

⑰ 保密请求

- 本专利申请可能涉及国家重大利益，请求保密处理
- 已提交保密证明材料

⑱ 声明本申请人对同样的发明创造在申请发明专利的同日申请了实用新型专利

⑲ 申请文件清单

1. 请求书 份 页
2. 说明书摘要 份 页
3. 摘要附图 份 页
4. 权利要求书 份 页
5. 说明书 份 页
6. 说明书附图 份 页

权利要求的项数 项

⑳ 附加文件清单

- 费用减缓请求书 份 共 页
- 费用减缓请求证明 份 共 页
- 优先权转让证明 份 共 页
- 保密证明材料 份 共 页
- 专利代理委托书 份 共 页
  总委托书（编号__________）
- 在先申请文件副本 份
- 在先申请文件副本首页译文 份
- 向外国申请专利保密审查请求书 份 共 页
- 其他证明文件（名称__________） 份 共 页

㉑ 全体申请人或专利代理机构签字或者盖章

年 月 日

㉒ 国家知识产权局审核意见

年 月 日

11101
2010.4

发明专利请求书英文信息表

实用新型名称	
发明人姓名	
申请人名称及地址	

11101
2010.4

4. 权利要求书

权利要求书

10002
2010.2

5. 说明书

说明书

专利名称

技术领域

本发明涉及____技术领域，特别涉及____技术领域。

背景技术

发明内容

附图说明

具体实施方式

10003　　1
2010. 2

6. 说明书摘要

说明书摘要

10005
2010.2

7. 说明书附图

说明书附图

10004
2010.2

8. 摘要附图

摘要附图

10006
2010.2

9. 费用减缓请求书

费用减缓请求书

① 专利申请或专利	申请号或专利号[redacted]
	发明创造名称[redacted]
	申请人或专利权人　[redacted]
○　请求费用减缓的理由（申请人为个人，请求减缓费用必须如实填写每个人年收入状况）：	
③　附件清单 ★[redacted]市税务局纳税情况的证明	
④　申请人（或专利权人）或专利代理机构签字或者盖章 [redacted]年[redacted]月[redacted]日	⑤　国家知识产权局处理意见 [redacted] [redacted]年[redacted]月[redacted]日

10009
2010.2

10. 补正书

补正书

① 专利申请	申　请　号	
	发明创造名称	
	申　请　人	

② 补正原因

根据专利法实施细则第51条的规定，请求对上述申请进行修改。

根据专利法实施细则第44条的规定，针对国家知识产权局于　年　月　日电话通知书

③ 补正内容	文件名称	文件中的位置	补　正　前	补　正　后

④附件清单

[redacted]已备案的证明文件名称：______________________，证明文件备案编号：______________

[redacted]

⑤ 申请人或专利代理机构签字或者盖章	⑥ 国家知识产权局处理意见
[redacted]	[redacted]
[redacted]年[redacted]月[redacted]日	[redacted]年[redacted]月[redacted]日

10007
2010.2

11. 实质审查请求书

实质审查请求书

□ 初审程序

① 专利申请	申请号 [redacted]	申请日 [redacted] 年 [redacted] 月 [redacted] 日
	发明创造名称 [redacted]	
	申请人 [redacted]	

② 请求内容：
根据专利法第三十五条规定，请求对上述专利申请进行实质性审查

③ 与请求同时提交的附件清单

- □ 申请日前与本发明有关的参考资料
- □ 外国对该申请检索到的资料
- □ 外国对该申请审查结果的资料
- □ 该申请为 PCT 国际申请，由________专利局作出，实审费减免 20%

④ 备 注

⑤ 申请文件替换页

[redacted]

⑥ 申请人或代理机构签章	⑦ 专利局处理意见
[redacted]	[redacted]
[redacted] 年 [redacted] 月 [redacted] 日	[redacted] 年 [redacted] 月 [redacted] 日

11301 2002.4

12. 办理文件副本请求书

□ 自取
□ 邮寄

办理文件副本请求书

<table>
<tr><td rowspan="2">① 请求人</td><td colspan="6">姓名或名称　　　　联系人姓名电话</td></tr>
<tr><td colspan="6">邮政编码　　　　地址</td></tr>
<tr><td rowspan="6">② 专利代理机构</td><td rowspan="3">代理机构</td><td colspan="5">名称　　　　代码</td></tr>
<tr><td colspan="5">邮政编码　　　　电话</td></tr>
<tr><td colspan="5">地址</td></tr>
<tr><td rowspan="3">代理人1</td><td>姓名</td><td></td><td rowspan="3">代理人2</td><td>姓名</td><td></td></tr>
<tr><td>工作证号</td><td></td><td>工作证号</td><td></td></tr>
<tr><td>电话</td><td></td><td>电话</td><td></td></tr>
<tr><td colspan="7">③ 请求内容
请求对下述 □专利申请 □专利出具
□在先申请文件副本　　份
□专利文件副本　　份
□专利证书副本　　份
□专利登记簿副本　　份
□专利证书证明　　份
□
申请号或专利号　　　申请日　　年　月　日
第一申请人或专利权人
发明创造名称</td></tr>
<tr><td colspan="7">④ 备注</td></tr>
<tr><td colspan="3">⑤ 请求人或代理机构签章

年　月　日</td><td colspan="4">⑥ 专利局处理意见

年　月　日</td></tr>
</table>

10015　2001.7

13. 撤回专利申请声明

□ 初审程序
□ 实审程序

撤回专利申请声明

① 专利申请	申请号 [redacted]	申请日 [redacted]年[redacted]月[redacted]日
	发明创造名称 [redacted]	
	申请人 [redacted]	
② 共同申请人姓名或名称 [redacted]		
③ 声明内容： 根据专利法第三十二条以及专利法实施细则第三十七条规定，声明撤回上述专利申请		
④ 附件清单 □全体申请人同意撤回专利申请的证明		
⑤ 全体申请人或代理机构签章 [redacted] [redacted]年[redacted]月[redacted]日	⑥ 专利局处理意见 [redacted] [redacted]年[redacted]月[redacted]日	

10014　　2002.4

14. 复审请求书

复审请求书

<table>
<tr><td rowspan="4">①
复
审
请
求
人</td><td colspan="2">姓名或名称
（代 表）</td><td>国籍或所
在地国家</td></tr>
<tr><td>邮政
编码</td><td>地址</td><td>联系人姓名
电话</td></tr>
<tr><td colspan="2">姓名或名称</td><td>国籍或所
在地国家</td></tr>
<tr><td>邮政
编码</td><td>地址</td><td>电话</td></tr>
<tr><td rowspan="3">②
专利代理机构</td><td colspan="2">名称</td><td>专利代理机构
代　　码</td></tr>
<tr><td>邮政
编码</td><td colspan="2">地址</td></tr>
<tr><td>代理人姓名</td><td>专利代理人
工作证号</td><td>电话</td></tr>
<tr><td colspan="4">③
根据《中华人民共和国专利法》第四十一条第一款、《中华人民共和国专利法实施细则》第五十九条第一款的规定，对专利局于_____年 _____月____日发出的对下述专利申请的驳回决定不服，请求复审

专利申请号_______________　　专利申请人（代表）___________________

发明创造名称 ____</td></tr>
<tr><td colspan="4">○　复审请求的理由</td></tr>
<tr><td colspan="4">⑤　附件清单</td></tr>
</table>

文　件　名　称	份数及页数
□附件 1	份，每份　　页
□附件 2	份，每份　　页
□附件 3	份，每份　　页
□附件 4	份，每份　　页
□附件 5	份，每份　　页

⑥ 复审请求人或专利代理机构签章	⑦ 专利复审委员会处理意见
年　月　日	年　月　日

15. 意见陈述书

□初审程序　□授权后程序
□实审程序

意见陈述书
（关于缴纳专利费用）

① 专利或专利申请	申请号或专利号	申请日　年　月　日
	发明创造名称	
	当事人	□申请人或专利权人 □

② 对上述专利申请

□　年　月　日专利局开出的费用收据（应提交费用收据复印件）陈述意见如下：

□缴纳专利费用两个月后尚未收到专利局开出的费用收据陈述意见如下（应提供银行汇单或邮局汇款凭证复印件）：

□对　年　月　日专利局发出的 ____________________通知书，陈述意见如下：

共　页

③ 附件清单

□银行汇单复印件　□邮局汇单复印件　□费用收据复印件

④ 当事人或代理机构签章	⑤ 专利局处理意见
年　月　日	年　月　日

1

16. 恢复权利请求书

□ 初审程序　□ 办理登记手续阶段
□ 实审程序　□ 授权后程序

恢复权利请求书

<table>
<tr><td rowspan="3">①
专利申请或专利</td><td colspan="2">申请号或专利号 [redacted]　　　申请日 [redacted] 年 [redacted] 月 [redacted] 日</td></tr>
<tr><td colspan="2">发明创造名称 [redacted]</td></tr>
<tr><td colspan="2">申请人或专利权人 [redacted]</td></tr>
<tr><td colspan="3">②请求内容：
根据专利法实施细则第七条第一款或第二款规定，对 [redacted] 年 [redacted] 月 [redacted] 日专利局发出的 [redacted]，请求恢复权利</td></tr>
<tr><td colspan="3">③请求恢复权利的理由及证明
[redacted]</td></tr>
<tr><td colspan="3">④消除造成权利丧失原因的情况
□已提交有关文件
□已缴纳有关费用</td></tr>
<tr><td colspan="3">⑤附件清单
[redacted]</td></tr>
<tr><td colspan="2">⑥当事人或代理机构签章
[redacted]
[redacted] 年 [redacted] 月 [redacted] 日</td><td>⑦专利局处理意见
[redacted]
[redacted] 年 [redacted] 月 [redacted] 日</td></tr>
</table>

10011　　2002.4

1

17. 实用新型专利检索报告请求书

实用新型专利检索报告请求书

①请求人	姓名或名称：[redacted]		
	邮政编码：[redacted]	地址：[redacted]	
联系人：[redacted]		联系人电话：[redacted]	
②专利代理机构	名称：[redacted]	代码：[redacted]	
	地址：[redacted]		
	邮编：[redacted]	电话号码：[redacted]	
	代理人姓名：[redacted]	工作证号：[redacted]	
③根据专利法第五十七条第二款及其实施细则第五十五条、第五十六条的规定，请求对下述实用新型专利作出检索报告：			
专利号：[redacted]		授权公告日：[redacted]年[redacted]月[redacted]日	
申请日：[redacted]年[redacted]月[redacted]日		优先权日：[redacted]年[redacted]月[redacted]日	
实用新型专利名称：[redacted]			
法律状态	□授权后，一直处于有效状态	□专利权是否转让	
	□授权后，经[redacted]年[redacted]月[redacted]日作出的	□无效宣告 □撤销	请求审查决定，继续有效
	□授权后，于[redacted]年[redacted]月[redacted]日终止		
④附件清单： □ 实用新型专利证书复印件一式两份 □ 专利代理委托书一份 □ 无效宣告或撤销请求审查决定复印件一式两份 □ 专利权终止通知书复印件一式两份			
⑤请求人或代理机构签章 [redacted] [redacted]年[redacted]月[redacted]日			
⑥ 受理部门处理意见	□ 受理	受理日期：[redacted]年[redacted]月[redacted]日	请求号：[redacted]
	□ 不受理		

18. 意见陈述书

初审程序　授权后程序
实审程序

意见陈述书

① 专利或申请 专利申请或专利	申请号或专利号[redacted]	申请日[redacted]年[redacted]月[redacted]日
	发明创造名称 [redacted]	
	当事人	[redacted]申请人或专利权人 [redacted]　　[redacted]

② 对专利局 [redacted] 年 [redacted] 月 [redacted] 日作出的上述 [redacted]专利申请 / [redacted]专利 的 ________通知书，陈述意见如下：

[redacted]

共[redacted]页

③ 附件清单

[redacted]

④ 当事人或代理机构签章	⑤ 专利局处理意见
[redacted] [redacted]年[redacted]月[redacted]日	[redacted] [redacted]年[redacted]月[redacted]日

10013　2002. 4

1

19. 著录项目变更申报书

☐ 初审程序　☐ 授权后程序
☐ 实审程序

著录项目变更申报书

① 专利或申请 专利	申请号或专利号 [redacted]		申请日 [redacted] 年 [redacted] 月 [redacted] 日
	发明创造名称 [redacted]		
	申请人或专利权人 [redacted]		
② 变更类型	☐权利转让（包括名称、地址变更） ☐姓名或名称变更（申请人、发明人或设计人、专利权人、联系人） ☐地址变更（申请人、专利权人、联系人） ☐代理机构变更（名称、邮政编码、地址、联系电话） ☐代理人变更（姓名、工作证号码、联系电话）		
③ 变更项目	具体变更内容	变　更　前	变　更　后
	[redacted]	[redacted]	[redacted]
	[redacted]	[redacted]	[redacted]
	[redacted]	[redacted]	[redacted]
	[redacted]	[redacted]	[redacted]
	[redacted]	[redacted]	[redacted]
	[redacted]	[redacted]	[redacted]

④ 附件清单

☐上级机关或当地工商行政管理部门签发的变更名称的证明材料
☐公安部门签发的更改姓名的证明材料
☐管理专利工作部门的处理决定
☐人民法院的判决书
☐双方当事人签章的权利转让合同
☐全体权利人同意转让的证明材料
☐全体权利人同意赠予的证明材料
☐双方当事人签章的说明变更理由的证明材料
☐国务院对外经济贸易主管部门会同国务院科学技术行政部门批准同意转让的批件
☐公安机关出具的继承人合法地位的证明材料
☐新权利人的专利代理委托书
☐公证材料
☐

⑤当事人或代理机构签章	⑥ 专利局处理意见
[redacted] [redacted] 年 [redacted] 月 [redacted] 日	[redacted] [redacted] 年 [redacted] 月 [redacted] 日

10801　　2002.4

20. 专利代理委托书

专利代理委托书

根据专利法第十九条的规定，兹

委 托 ____________________

邮编、地址 [redacted] ____________________

□1. 代为办理名称为 [redacted] ____________________ 的发明创造

□发明专利（申请号为：[redacted] ）

申请 □实用新型专利（申请号为：[redacted] ）以及在专利权有效期内的全部专利事务

□外观设计专利（申请号为：[redacted] ）

□2 代为办理宣告名称为 ____________________

专利号为 ____________________ 的专利无效事务

□3. 代为办理其他有关事务。

（上述 1、2 项只能任选一项，同时选择一项以上的委托书无效）

专利代理机构接受上述委托并指定代理人 [redacted] 、 [redacted] 办理此项委托

委托人（单位或个人） [redacted] ____________________ （盖章或签字）

被委托人（专利代理机构） ____________________ （盖章）

[redacted]年[redacted]月[redacted]日

10008 2002.4

21. 专利申报程序及相关说明

专利申报程序及相关说明

一、专利申报程序

1. 仔细阅读、消化准备报专利的材料；

2. 在国家专利网上查询有没有相似的专利；

3. 画好专利用图，包括总图、部件图、零件图，对于比较复杂的产品，尽可能分为若干部件，这样，用文字表述起来比较容易；

4. 对于用二维图难以表达清楚的，画成三维图，然后适当的位置转成工程图；

5. 用文字表述出该专利的组成和零部件的连接关系。

二、填写好各种表格和文件

1. 填写专利申报后提交的文件清单

填表注意事项见表后说明。

2. 填写实用新型专利或发明专利请求书

填表注意事项见表后说明。

3. 权利要求书

权利要求书从说明书中摘录，摘录时，零部件后面的序号加括号。

4. 说明书

说明书分为六个部分：

专利名称，技术领域，背景技术，发明内容，附图说明，具体实施方式。

5. 写说明书摘要

说明书摘要从具体实施方式摘录。

6. 专报费

《财政部　国家发展改革委关于印发〈专利收费减缴办法〉的通知》（财税〔2016〕78号）第三条规定了可以申请减缴专利收费的专利申请人和专利权人条件，由上年度月均收入低于3500元（年4.2万元）的个人，调整为上年度月均收入低于5000元（年6万元）的个人；由上年度企业应纳税所得额低于30万元的企业调整为上年度企业应纳税所得额低于100万元的企业。

7. 邮寄地址

邮编：100088

地址：北京市海淀区西土城路6号

国家知识产权局专利局受理处收

国家专利局电话：010-62088166

电话：

8. 专利补正

（1）根据国家专利局的补正通知书修改专利文件，并填写补正书，收到补正通知书后及时补正并填写补正书，盖章后寄国家知识产权局专利局受理处。

（2）如有疑问，可拨打补正通知书上的联系电话。

第三部分

专利方面政策法规

1. 新版《中华人民共和国专利法》在中国专利网上查询

新版《中华人民共和国专利法》请在“中国专利网”上查询或下载。

2. 中华人民共和国专利法实施细则摘录

专利申报的基本流程

1. 国内专利种类

（1）发明专利（Patent for invention）对产品、方法或者其改进所提出的新的技术方案。内容限定：产品、方法（如软件工艺等）。保护时间为20年。

（2）实用新型专利（Patent for utility model）对产品的形状、构造或者其结合并且适用于实用的新技术方案。内容限定：产品形状、构造。保护时间：10年。

（3）外观专利（Patent for appearance）形状、图案、色彩或其结合富有美感并且适用于工业应用的新设计。内容限定：产品形状、图案及其与色彩的结合。保护时间：10年。

申请专利先查询后申请，判定所申请专利是否具备专利申请条件，初步判定申请类型，以提升成功率。

2. 申请流程

（1）专业审查。专业专利代理人判定所申请专利是否具备专利申请条件，初步判定申请类型。

客户确定并整理相关技术资料，客户确认并上传专利局。

（2）双方签署委托协议。

（3）撰写专利申请文件并进行内部审查。

（4）确认后打印盖章后并上传至国家专利局，符合减免条件的申请减免。

（5）国家专利局收到专利申请后进行审查，如果符合受理条件，国家专利局受理并确定申请日，发给专利受理通知书。

（6）申请单位向国家专利局缴费处缴纳费用。

（7）国家专利局初步审查。对专利申请是否符合专利法及其实施细则规定的形式要求，审查是否存在实质性缺陷，并提出修改意见。

（8）申请人根据补正书进行补正。

（9）国家专利局对实用新型专利做出授权或驳回的决定。

（10）实质性审查。国家专利局在进行实质性审查时，不仅要对申请案的形式要件进行审查，还要对申请案中的发明创造是否符合新颖性、创造性和实用性等实质性要求进行审查。

（11）发明专利公开（提前公开6个月左右，正常需要18个月）。

（12）告知申请人。将决定告知申请人，授权：办理登记印刷手续；驳回。发明专利从申请之日到授权，一般需要2～3年。

3. 专利收费办法

关于调整专利收费减缴条件的公告。为贯彻落实党中央、国务院减税降费决策部署，切实减轻社会负担，促进实体经济发展，按照《财政部　国家发展改革委关于减免部分行政事业性收费有关政策的通知》《国家发展改革委　财政部关于降低部分行政事业性收费标准的通知》（财税〔2019〕45号、发改价格〔2019〕914号）要求，国家知识产权局将于2019年7月1日起调整专利收费减缴条件和商标注册收费标准，现公告如下：一、将《财政部　国家发展改革委关于印发〈专利收费减缴办法〉的通知》（财税〔2016〕78号）第三条规定可以申请减缴专利收费的专利申请人和专利权人条件，由上年度月均收入低于3500元（年4.2万元）的个人，调整为上年度月均收入低于5000元（年6万元）的个人；由上年度企业应纳税所得额低于30万元的企业，调整为上年度企业应纳税所得额低于100万元的企业。特此公告。

国家知识产权局　2019年6月28日

4. 专利文件的填写方法和说明

专利文件的填写方法和说明请在“中国专利网”上查询或下载。